町自慢、マンホール蓋700枚。

新・デザインマンホール100選

池上　修・池上和子

論創社

は　じ　め　に

　マンホールとは、下水道や通信線など、地下に埋設された管の点検のために、人が出入りする垂直の穴、点検口。人（man）と穴（hole）を組み合わせてマンホール、小型のものをハンドホールといい、その開口部は鋳鉄製の蓋で閉じられている。

　昭和52年沖縄県那覇市で、沢山のさかながデザインされた下水道のマンホール蓋（212ページ参照）が作られた。これを契機に、各市町村のマンホール蓋にデザインが行われるようになり、蓋のデザインは、世界に類のない日本独自のサブカルチャーとなっていった。

　下水道蓋のデザインは市町村単位で行われているが、それ以外にも、都道府県が管理している下水、集落などの限られたエリアでの下水や施設内下水などもあるので、平成の大合併前の市町村数三千数百の約２倍、6000種類ほどのデザイン蓋が全国にあると思われる。そしてこれらには、その町やその地域の、昔と今と未来についてのメッセージ、つまり、町の誇りや町の自慢がデザインされている。

　4年前の平成26年2月、それまでの十数年間にわたって集めていた、下水道マンホールのデザイン蓋の写真約3000枚をまとめ、『デザインマンホール100選──阿寒から波照間島へ旅歩き』をアットワークス社から出版した。

この出版当時、平成の大合併による市町村数の減少や、マンホール蓋を目立たないようにカムフラージュ処理をするなど、蓋のデザインはピークではないかと感じていたが、最近、カラー蓋やゆるキャラをモチーフにした蓋、町の自慢をアピールする新しい蓋などが盛んに作られだしてきた。これらの新しい蓋と、それまでに行けなかった所を加えた約4000枚のデザイン蓋をもとに、今回、『町自慢、マンホール蓋700枚。──新・デザインマンホール100選』として論創社から出版することになった。

　この新版も、メッセージが明快でデザインが素晴らしい、下水道蓋100枚を恣意的に選び（町自慢100選001〜100）、それらとカテゴリーを同じくする仲間の蓋で見開きページを構成しているが、掲載した町自慢のマンホール蓋は、初回の490枚から140枚をカットし、新たに350枚を加えて700枚に増やしている。

　なお、マンホールの蓋には下水道と上水道、消火栓、ガスや通信用などがあるが、数点以外は、デザインのバラエティが豊富な下水道マンホールの蓋を、また、シートや金属製パネルを貼ったものを除いた鋳鉄製で、実際に路上に設置してあるデザイン蓋を紹介している。

池上　修・池上和子

目次

はじめに ……2
おわりに …220
索引 ………222

NO	県	市町村	モチーフ	カテゴリー	P
001	北海道	阿寒町	丹頂鶴	鶴	6
002	〃	池田町	ぶどう	果物	8
003	〃	夕張市	シネガー	動物園	10
004	青森	青森市	ねぶた	ねぶた	12
005	〃	大鰐町	大きなワニ	しゃれ	14
006	岩手	久慈市	北限の海女	働く女	16
007	〃	岩泉町	龍ちゃん	龍	18
008	秋田	横手市	かまくら	雪と氷	20
009	〃	大曲市	競技花火	花火	22
010	宮城	志津川町	モアイ	石像	24
011	〃	鳴子町	こけし	郷土玩具	26
012	山形	舟形町	縄文の女神	縄文土偶	28
013	〃	遊佐町	チョウカイフスマ	珍しい花	30
014	〃	酒田市	千石船	船	32
015	福島	会津若松市	磐梯山	郷土富士	34
016	〃	本宮町	まゆみ	赤い木の実	36
017	茨城	石岡市	幌獅子	祭り	38
018	〃	牛久市	かっぱの里	河童	42
019	栃木	真岡市	SLのまち	汽車	44
020	〃	石橋町	赤ずきん	メルヘン	46
021	群馬	草津町	ゆもみちゃん	ゆるキャラ	48
022	〃	利根村	吹割の滝	滝	50
023	埼玉	川口市	星占い	夜空	52
024	〃	春日部市	牛島の藤	藤	54
025	〃	所沢市	飛行機	飛ぶ	56
026	千葉	木更津市	狸囃子	唄	58
027	東京	足立区	一茶	俳句	60
028	神奈川	平塚市	ひらつか七夕	七夕	62
029	新潟	小千谷市	錦鯉	養殖	64
030	〃	新穂村	とき	保護鳥	66
031	富山	滑川市	ほたるいか漁	漁	68
032	石川	小松市	勧進帳	関所	70
033	〃	輪島市	御陣乗太鼓	伝統芸能	72
034	福井	勝山市	恐竜王国	中生代	74
035	〃	三国町	龍翔館	洋館	76
036	山梨	昭和町	げんじぼたる	昆虫	78
037	〃	大月市	猿橋	橋	80
038	長野	東部町	海野宿	宿場	82
039	〃	上田市	六花文	旗印	84
040	〃	信濃町	ナウマン象	新生代	86
041	岐阜	恵那市	大井宿	広重	88
042	〃	白川村	合掌造り	民家	90
043	静岡	富士市	富士山	富士山	92
044	〃	島田市	大井川	東海道難所	94
045	〃	清水市	三保の松原	松原	96
046	愛知	安城市	新美南吉	文学	98
047	〃	知立市	かきつばた	かきつばた	100
048	三重	志摩市	スペイン村	テーマパーク	102
049	〃	伊勢市	伊勢参り	参詣	104
050	滋賀	大津市	琵琶湖	湖	106

NO	県	市町村	モチーフ	カテゴリー	P
051	滋賀	愛知川町	びんてまり	てまり	108
052	〃	新旭町	風車村	風車	110
053	京都	宮津市	天橋立	海岸美	112
054	〃	大江町	酒呑童子	鬼	114
055	大阪	大阪市	大阪城	城	116
056	〃	四条畷市	楠	木	120
057	〃	吹田市	太陽の塔	メモリアル	122
058	兵庫	西脇市	日本のへそ	子午線	124
059	〃	高砂市	相生の松	松	126
060	〃	姫路市	姫路城	現存天守	128
061	奈良	天理市	三角縁神獣鏡	出土品	130
062	〃	斑鳩町	斑鳩三塔	寺社	132
063	和歌山	白浜町	円月島	岩	134
064	〃	太地町	くじら	くじら	136
065	鳥取	境港市	ゲゲゲの鬼太郎	漫画	138
066	〃	淀江町	天の真名井	水車	140
067	島根	松江市	長門	武家屋敷	142
068	〃	安来市	どじょうすくい	踊り	144
069	岡山	落合町	醍醐桜	一本桜	146
070	〃	岡山市	桃太郎	むかし話	148
071	〃	備前市	備前焼	焼き物	150
072	広島	東広島市	酒蔵通り	町並み	152
073	〃	広島市	千羽鶴	シンボル	154
074	山口	山口市	狐と温泉	温泉の発見	156
075	〃	宇部市	カッタ君	鳥	158

NO	県	市町村	モチーフ	カテゴリー	P
076	徳島	鳴門市	鳴門海峡	渦潮	160
077	〃	小松島市	金長狸	伝説	162
078	香川	高松市	屋島	戦い	164
079	〃	大野原町	豊稔池ダム	ダム	166
080	愛媛	野村町	乙亥大相撲	スポーツ	168
081	〃	宇和島市	闘牛	牛	170
082	高知	安芸市	野良時計	時計塔	172
083	〃	高知県	長尾鶏	鶏	174
084	福岡	柳川市	お堀巡り	舟遊び	176
085	〃	久留米市	久留米絣	伝統工芸	178
086	〃	太宰府市	飛梅	梅	180
087	佐賀	佐賀市	むつごろう	珍しい魚	182
088	〃	武雄市	楼門	門	184
089	〃	三田川町	吉野ヶ里遺跡	遺跡	186
090	長崎	郷ノ浦町	鬼凧	凧	188
091	〃	長崎市	出島	鎖国	190
092	熊本	荒尾市	万田坑	資源	192
093	〃	熊本市	銀杏城	いちょう	194
094	〃	山鹿市	八千代座	芝居小屋	196
095	大分	別府市	フラワーシティ	花壇	198
096	宮崎	高千穂町	高千穂峡	渓谷	206
097	〃	野尻町	ゆーたん	かえる	208
098	鹿児島	佐多町	佐多岬灯台	灯台	210
099	沖縄	那覇市	さかな	水族館	212
100	〃	竹富町	星空観測タワー	天文台	218

※目次には、市町村名が変更になっているものも旧名で記載しています。

町自慢 鶴

昭和52年、沖縄県那覇市で、マンホールの蓋に沢山のさかなが描かれて（212ページ参照）以来、蓋のデザインは、世界に類のない、日本独自のサブカルチャーとなっていった。
朱色の頭頂、白い羽を広げた丹頂鶴と緑色のまん丸なマリモ、国指定の特別天然記念物が2件も描かれた阿寒町の蓋は、数多くのデザイン蓋のなかで、最も美しいもののひとつ。

北海道 阿寒町（現釧路市）

町自慢100選 001 丹頂鶴

マリモ展示観察センター

丹頂鶴　北海道釧路市

真鶴（まなづる）　山口県熊毛町（現周南市）

折り鶴　愛媛県川之江市（現四国中央市）

鶴の飛来地

鹿児島県 出水市

出水平野の水田地帯に、毎年10月中旬頃から、1万羽以上のナベヅルやマナヅルが、シベリアから越冬のため渡来してくる。

連鶴

三重県 桑名市

多くなると数百羽も繋がる折り鶴を、1枚の紙に切り込みを入れるだけで折りあげる、連鶴(れんつる)。江戸時代に桑名の長圓寺住職が、百種類もの折り方を考案したのが始まり。

鶴の舞橋

青森県 鶴田町

江戸時代初期に築かれた津軽富士見湖、鶴の舞橋は平成6年に造られた、長さ300mの木製太鼓橋。津軽平野の独立峰、岩木山(津軽富士)がそびえる。

町自慢
果物

ワイン城

| 町自慢100選 002 | **ぶどう** |

北海道
池田町

清舞

北海道
池田町

山幸

元来ぶどうが育たない十勝地方で、長い日照時間と秋の寒暖差を生かして開発された品種が、清舞と山幸。清舞の爽やかな酸味と軽やかな味わい、山幸のしっかりしたボディが特徴の、十勝ワイン。

さくらんぼ

山形県
寒河江市

寒河江市は山形県内随一のさくらんぼ生産地。約300か所もの観光さくらんぼ園がある、日本一のさくらんぼの里。さくらんぼの代表品種「佐藤錦」や、寒河江発祥の「紅秀峰」などが食べ放題。

りんご並木　長野県飯田市

昭和22年、大火に見舞われ、市街地の大半を焼き尽くした。飯田市の焼け跡の中で、飯田東中学校の生徒たちは自分たちの手で美しい街を作ろうと考え、昭和28年、街の真中にりんごの木を植えた。
以来60数年、飯田市の中央通り、約300m続くこのりんご並木は生徒たちの手で守り育てられ、秋になるとたわわに実をつける。

晩白柚（ばんぺいゆ）　熊本県八代市

みかん　和歌山県川辺町（現日高川町）

レモン　岡山県瀬戸内市

鳥取県郡家町（現八頭町）

花御所柿

約200年前大和の国から持ち帰った小枝を、郡家町の「花」地区で接ぎ木して育てた。
地名から「花御所柿」と命名されたこの柿は、糖度日本一ともいわれているブランド甘柿。

町自慢 動物園

町自慢100選 003

シネガー

北海道 夕張市

映画による町おこしを目指す夕張市。道路沿いの建物には50枚以上もの看板が映画の街を演出し、夕張を舞台にした映画、「幸福の黄色いハンカチ（山田洋次監督・高倉健主演）想い出ひろば」に建つ、炭鉱住宅の屋根の上には、映画のラストシーンそのままに、黄色いハンカチが翻っている。蓋には、漫画家石ノ森章太郎氏デザインの映画祭キャラクター、シネガー（シネマ＋タイガー）。左手には特産の夕張メロン、右手は「カチンコ」。

とくしま動物園
徳島県 徳島市

60年前の開園時、ペルーからやってきたアンデスコンドルが園のシンボル。

王子動物園
兵庫県 神戸市

パンダとコアラを同時に見ることができる、日本で唯一の動物園。

のいち動物公園
高知県 野市町（現香南市）

マダガスカル島に生息するワオ（輪尾・尾に輪の模様）キツネザルが人気者。

レッサーパンダ 福井県鯖江市

もぐら 広島県比和町（現庄原市）

なきうさぎ 北海道東川町

おこじょ

おこじょはネコ目イタチ科の動物、別名やまいたち。茶色の毛が冬になると、全身真っ白な毛で覆われる。

岐阜県上宝村（現高山市）

岐阜県明宝村（現郡上市）

磨墨

源平合戦、宇治川の戦いで生食（いけづき）と先陣争いをした、源氏の武将、梶原景季（かげすえ）が操る名馬が磨墨（するすみ）。磨墨が生まれ育ったのが明宝の地。

さる 大分県大分市

きりん 東京都羽村市

かば 神奈川県横浜市

町自慢

ねぶた

町自慢100選 004 **ねぶた**

青森県
青森市

毎年8月2日から7日に行われる、東北地方最大の夏祭り、青森ねぶた。

大型ねぶた約20台と町内会・子供会のねぶたが、約3kmの周回コースの所定の位置にスタンバイ。ハネト（跳人・踊り手）、ねぶた、囃子方が隊列を組み、午後7時の花火の合図で一斉に出陣する。

高さ5m・幅9mのねぶたの迫力は勿論、笛の音と太鼓の響き、時には千人以上にも膨れ上がるハネトの掛け声「ラッセ ラッセ ラッセラー」が観客を圧倒する。

ねぶながし

秋田県 能代市

JR能代駅前

能代市はねぶながし、しゃちほこを乗せた天守閣は高さ10mの大灯籠。8月6日、この大灯籠が市内を練り歩き、翌日、切り離したしゃちほこを米代川に焼き流す「シャチ流し」で、華麗な祭りはフィナーレを迎える。

平成24年製作
鹿島大明神と地震鯰

立佞武多

青森県 五所川原市

明治から大正にかけて運行されていた巨大ねぷた。その残っていた3枚の写真と7枚の図面をもとに平成10年、80年ぶりに復活させた、五所川原市の立佞武多。8月4日から8日の夜、高さ22m、3基の立佞武多が、子供も大人も一緒になって、市内を練り歩く。

町自慢 しゃれ

町自慢100選 005 **大きなワニ** 青森県 大鰐町

奈良時代に作られた大きな阿弥陀如来像を、「おおきなあみだ→おおあみだ→おおあみ→おおわに」と呼んだのが、町名の由来のひとつ。
スキーと温泉、40cmの巨大もやしの町大鰐、マンホールの蓋と大鰐駅前に、スキー板を抱えた「大」きな「ワニ」が登場する。

鶴と亀　千葉県 長生村

長生村の蓋は長寿のシンボル、千年も長生きする鶴と、万年も長生きする亀。

かえる　岐阜県 下呂市

かえるの鳴き声、ケロケロッ、ゲロ下呂ッ。下呂温泉みやげは、かえるグッズ。

甲羅　滋賀県 甲良町

甲良町の蓋には亀の甲羅。名神高速のカントリーサインも、甲羅を背負ったカメ。

すいれん
<small>埼玉県 蓮田市</small>

水面に浮かぶのが睡蓮、水から飛び出すのが蓮。蓮田市の蓋はハスでなく、咲き誇る「スイレン」。

かかし
<small>宮崎県 山田町（現都城市）</small>

山田のなかの一本足のかかし。毎年秋にかかしフェスティバルが行われる。

松とバラ
<small>大阪府 松原市</small>

松原市の蓋はマツの木と、「原」ではなくて、市の花の「バラ」の花。

竜の落とし子
<small>静岡県 竜洋町（現磐田市）</small>

天竜川の河口、竜洋町のデザイン蓋には、竜をひとひねりした、タツノオトシゴ。

水澄みの里
<small>島根県 三隅町（現浜田市）</small>

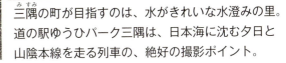

三隅の町が目指すのは、水がきれいな水澄みの里。道の駅ゆうひパーク三隅は、日本海に沈む夕日と山陰本線を走る列車の、絶好の撮影ポイント。

町自慢

働く女

オホーツク海から吹く北東の風、「やませ」と呼ばれる冷たく湿った風のため、真夏でも海水温が上がらない久慈市小袖海岸、ここは素潜りでの海女漁の北限地。
昭和34年のNHKラジオドラマ「北限の海女」で全国区に。平成21年、高校を卒業した若い女性が海女になったことから、小袖海女は再ブレーク。NHK朝ドラ2013は、北限の海女が主役、久慈が舞台の「あまちゃん」。

岩手県 久慈市

町自慢100選 006 **北限の海女**

花田植

広島県 千代田町（現北広島町）

絣の着物に赤い襷と菅笠の早乙女が、豊かな実りと無病息災を祈って、笛や太鼓の囃子に合わせ賑やかに、田植えを行う花田植、その最も大規模なのが「壬生の花田植」。
毎年6月の第1日曜日に開催される壬生の花田植では、子ども田楽団や飾り牛が花を添える。

糸紡ぎ

18世紀の初めころ、大和川の付け替えでできた広大な土地に植えられた綿の木。これから作られた木綿は、全国に知られる名産品となり、「河内木綿」と呼ばれた。

足踏み洗濯

美作三湯のひとつ奥津温泉。吉井川の河原の、お湯が湧き出る洗濯場では、熊や狼に襲われないよう、立ったままで辺りを見回しながら、足踏み洗濯を行っていた。

朝市

1000年以上も前から行われていた物々交換市が、輪島の朝市。新鮮野菜や獲れとれ魚が並ぶ。輪島の女性は働き者、月2回休むだけで朝市は毎日行われている。

茶摘み

静岡と並ぶお茶の産地、宇治。なかでも宇治田原町は、永谷宗円が江戸時代中頃に考えだした製法の、味と香りが優れたお茶により、日本緑茶発祥の地といわれている。

| 町自慢 | 龍は古来水の神として信仰され、九頭竜伝説など、日本各地には龍にまつわる伝承が数多く残っている。 | 岩手県 岩泉町 |

龍

ここ岩泉でも、「シュー、シュー」という恐ろしい音が七日七晩も続いたあと、大きな龍が飛び出し、そのあとから美しい水がこんこんと湧き出したという伝説がある。
透明度の高い水が豊富に湧きだす龍泉洞は、まさに龍がもたらした泉の洞穴。見学コースには3つの地底湖、透き通る青い色はドラゴンブルーと呼ばれている。

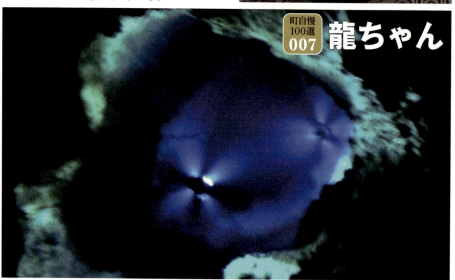

町自慢100選 007 **龍ちゃん**

リューくん

高知県香美市

弥生時代の住居遺跡が残る龍河洞。当時使われていた土器の上に水滴が垂れ続け、鍾乳石で覆われてしまった「神の壺」、80年前に置かれた実験壺もある。蓋のデザインは、香美市出身のやなせたかし氏が生みの親、香美市PRキャラクターのリューくん。

香川県
仁尾町
(現三豊市)

雨乞い龍

修行僧の教えで、山奥の淵から汲んできた水を、麦わらで作った大きな龍にかけると大粒の雨が降ってきた。それ以来、仁尾地方で大干ばつの度に行われたのが、雨乞い龍神事。

和歌山県
龍神村
(現田辺市)

龍神

修験道の開祖、役小角(えんの お ずの)が突き立てた錫杖から温泉が湧き出した、その100年後。弘法大師が難陀龍王(雨乞いの時拝まれる龍神)のお告げで、その場所に開いたと伝わる浴場は、竜神温泉と名付けられた。

苗木城

赤土がむき出しの壁から、苗木城の別名は、赤壁城。
赤壁には、「白い色を嫌う木曽川に棲む龍が、城の白い漆喰壁を、嵐を起こして何度もはぎ取った」という伝説が残る。

岐阜県
中津川市

町自慢

雪と氷

積み上げた雪をくり抜いてほこらを作り、水神様を祀って家内安全・商売繁盛・五穀豊穣を祈る。「はいってたんせ〜あがってたんせ〜」と声をかけ、かまくらの中で子供たちが餅や甘酒をふるまう。

小正月の伝統行事として約400年前に始まった横手のかまくら、明治時代中頃から子供たちの冬の楽しみとなった。

横手市の「ふれあいセンターかまくら館」では、マイナス10度の冷凍室にかまくらを常設しているので、真夏でもかまくらが体験できる。

秋田県横手市

町自慢100選 008 かまくら

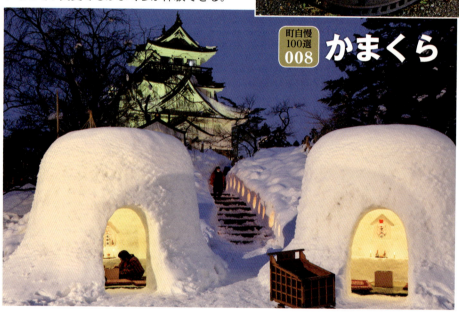

雪のいろいろ　福井県

雪の結晶　新潟県塩沢町（現南魚沼市）

雪だるま　岐阜県河合村（現飛騨市）

南極探検

明治43年、人類初の南極点を目指した白瀬南極探検隊は、南緯80.05度で到達を断念した。
白瀬矗(のぶ)中尉を称え、生地の金浦(このうら)町に白瀬南極探検隊記念館がある。

秋田県 金浦町（現にかほ市）

一本杖スキー

長野県 飯山市

スキー

北海道 新得町

アイスホッケー

北海道 苫小牧市

ガリンコ号

北海道 紋別市

4本のネジ式スクリューで氷を砕きながら流氷の中を進む、オホーツク海の流氷観測船、ガリンコ号。夏はフィッシングクルーズで、オホーツクの爽快な風を浴びながらの釣り体験ができる。
現在の船は2代目、初代は乗船場に展示中。

21

町自慢 花火

町自慢100選 009 競技花火

秋田県大曲市（現大仙市）

全国から選りすぐられた約30の花火業者が、その技術の粋を込めて自らの手で打ち上げる、最も権威のある花火競技大会。

打ち上げ高度と開き、音と色彩、意匠と斬新性などで審査を行う、まさに花火芸術の最高峰。速射連発、十数か所から一斉に打ち上がるワイドスターマインのフィナーレは圧巻。

四尺玉花火

新潟県片貝町（現小千谷市）

片貝町の4尺玉花火（直径約120cm）は世界最大。打ち上げ高度800m、開花直径も800mに達する。全部で9本、煙火筒のモニュメントでその大きさを体感できる。

川開き花火

大正5年に始まった石巻川開き祭り。川の恵みへの感謝と先祖を供養するため、北上川を舞台に花火が打ち上げられる。

宮城県
石巻市

手筒花火

約3尺（90cm）の竹筒の中に花火火薬を詰め、手に持ったまま点火。轟音とともに吹き上がる火柱は高さ10m。

愛知県
豊橋市

福島県
浅川町

地雷火

浅川の花火の始まりは江戸時代中期。城山山頂が噴火したかのように、扇形の火花が炸裂する「地雷火」。

| 町自慢 石像 | 町自慢100選 010 モアイ |

チリのサンチャゴから約3700km、太平洋の孤島チリ領イースター島で、長い頭と長い耳を持った巨石像、モアイ像が作られていた。
昭和35年のチリ地震津波で大きな被害を受けた志津川町は、この記憶を未来に伝えようと、平成3年、モアイ像を設置した。しかし、平成23年の東日本大震災では更に甚大な被害を受け、この像も津波で流されてしまった。
これに心を痛めたイースター島長老会は、門外不出のモアイ像を、島の岩石を使って新たに制作し、南三陸町に贈呈した。
この強い霊力を持ったモアイ像は、仮設店舗が集まる「さんさん商店街」に設置され、津波からの復興を見守っている。

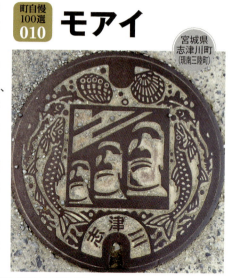

宮城県 志津川町 (現南三陸町)

イースター島

回収した頭部・志津川高校

さんさん商店街

道祖神

長野県

道祖神は、集落の境界や村落の中心に祀られている石像。村の安全や子孫繁栄、旅の安全などを祈願する。安曇野のＪＲ穂高駅周辺には20数か所に道祖神が散在する。

鳥取県赤碕町（現琴浦町）

波しぐれ三度笠

波止場の先端の石像は、彫刻家流政之氏制作の波しぶき三度笠。「三度笠は旅を、旅は人生そのものを表す。この彫刻は見る人それぞれに深い想いを抱かせ、生きる希望と勇気を与えてくれる。」（現地説明板より抜粋）

石人

5世紀末から6世紀初めに作られた前方後円墳、江田船山古墳。日本最古の記録文書といえる、銀象嵌銘の太刀（国宝）などの豊富な副葬品とともに、阿蘇凝灰岩で作られた石人（石製の埴輪）が、古墳の墳丘に並べられていた。

熊本県菊水町（現和水町）

町自慢 郷土玩具

宮城県
鳴子町
(現大崎市)

町自慢100選
011 こけし

江戸時代末期、東北地方の温泉地のみやげ物として作られた人形がこけし。頭部と胴体のシンプルな作りだが、地方によって特徴を持つ。
鳴子地方では、素朴な顔立ちと胴体の豪華な菊花模様、頭部を回すと「キュッキュルッ」と木の擦れる音がするこけしが作られてきた。

きじ馬

熊本県
人吉市

壇ノ浦の戦いに敗れた平家の落人が、都の暮らしを懐かしんで作ったという言い伝えがある、人吉のきじ馬。子供の健やかな成長を願う、縁起物の郷土玩具。

鯛車

お盆の夕暮れ時になると、浴衣姿の子供達が、なかにろうそくを灯し、家の周りをゴロゴロと引いて歩いた鯛車。

新潟県巻町（現新潟市）

三春駒

仏像を刻んだ残りの木屑で、清水寺の上人が作った小さな木馬を、坂上田村麻呂が陸奥を攻めた時に、お守りとして持って行った。これを真似た木馬の玩具が、三春駒の始まり。

福島県三春町

のぼり猿

宮崎県延岡市

風を受けた幟のふくらみで、張り子の猿が竿を上り下り。無病息災や立身出世を願い、端午の節句に鯉のぼりと一緒に揚げられていた、のぼり猿。

八朔の馬

福岡県芦屋町

藁で作った馬に、武者人形と旗指し物。長男が生まれ、初めて迎える八朔（旧暦の8月1日）の日にこの馬を飾って、初節句を祝い成長を祈る。これが300年も続く伝統行事の、八朔の馬。

町自慢 縄文土偶

山形県 舟形町

約１万2000年から約2400年前の時代は、その時代に作られた土器の縄目文様から縄文時代と呼ばれる。土偶は土器とともに、この時代を代表する遺物で、約１万5000個が発掘されている。

平成４年、舟形町西ノ前遺跡から発掘された、50数点の土偶の破片。そのなかの５点の破片を組み合わせて、この時代のものとは思われない、均整のとれたシルエットの土偶が完全復元できた。

この土偶はその美しい容姿から、いつしか縄文の女神と呼ばれ、平成24年、国宝に指定された。

町自慢100選 012 縄文の女神

西ノ前遺跡公園・女神の郷

山形県立博物館

国宝に指定されている縄文土偶は、全部で５件。舟形町の歴史民俗博物館には、それらの原寸大レプリカが展示されている。

向かって右が中空土偶、函館市のじゃがいも畑（後に著保内遺跡として登録）から出土、平成19年に国宝指定、北海道唯一の国宝。

前列右が合掌土偶、八戸市風張１遺跡から発掘され、平成21年に国宝指定。

国宝縄文土偶・原寸大レプリカ

遮光器土偶

大きな目がゴーグルに似ていることから名付けられた遮光器土偶は、東北地方の縄文晩期遺跡から、数多く出土する。

そのひとつが、明治19年に、亀ヶ岡遺跡から発掘された遮光器土偶。JR木造駅舎の巨大な土偶は、列車が到着すると目が怪しく光っていたらしい。

青森県
木造町
(現つがる市)

写真提供・茅野市

北八ヶ岳ロープウェイ

長野県
茅野市

縄文のビーナス・仮面の女神

茅野市のマンホールの蓋には国宝が2件。

ひとつは縄文のビーナス、つり目とおちょぼ口の愛くるしい顔と豊満なボディ。平成7年、縄文時代の出土品のなかでは初めて国宝に指定された。

もうひとつは仮面の女神、仮面土偶と呼ばれる三角形の顔が特徴。平成27年、国宝に指定。

町自慢 珍しい花

チョウカイフスマは、鳥海山の固有種。乾燥に強く、他の植物が生育できない鳥海山の岩場や砂礫地など、過酷な環境のなかに群落を作る。7〜8月、15㎜くらいの白い星型の花を咲かせるナデシコ科の多年草。

山形県遊佐町

町自慢100選 013 チョウカイフスマ

座禅草

滋賀県今津町（現高島市）

蓋の周囲には座禅草。水芭蕉の仲間で、僧侶が座禅を組んでいるように見えることから名付けられた。花の部分は20℃程度に発熱する。今津町の群落は自生地の南限。

発熱して雪を溶かす

レブンアツモリソウ

一の谷の戦いで敗れた平敦盛。母衣を背負った敦盛の姿に見立てられたアツモリソウ。レブンアツモリソウは真っ白、礼文島だけに咲くアツモリソウの変種。17歳の敦盛を討ち取った、老兵、熊谷直実に見立てられた花が、クマガイソウ。

北海道礼文町

クマガイソウ

アツモリソウ

クロユリ

日本の代表的な高山植物、褐紫色で釣鐘形の花を咲かすクロユリ（黒百合）。
花言葉は恋。それ以外に、呪い・復讐と、怖い花言葉もある。

長野県長谷村（現伊那市）

コアニチドリ

雪の多い土地の湿原や湿った岩壁に着生する、ヒナラン属の多年草。
マタギの里、上小阿仁村で最初に採集されたことで、この名がある。

秋田県上小阿仁村

コマクサ

可憐な美しい花を咲かせるコマクサは、高山植物の女王。
ピンク色の花の形が馬の顔に似ているので、駒草と呼ばれている。

長野県東部町（現東御市）

千石船

千石船は、北前船や菱垣廻船（江戸と大坂を結んだ貨物船）、樽廻船（灘や伊丹の酒を江戸に運搬）などに使われた、江戸中期の大型帆船。酒田市の日和山公園は、池に復元された千石船が浮かび、木造六角灯台など、港町の風情が漂っている。

マンホールの蓋には、明治30年に建てられた、庄内米を保管するための、今でも現役の山居倉庫(さんきょ)も。

山形県 酒田市

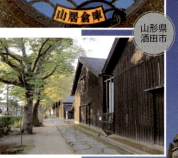

山居倉庫

北前船

石川県 美川町（現白山市）

兵庫県 竹野町（現豊岡市）

島根県 温泉津町(ゆ)（現大田市）

江戸時代から明治時代にかけて、船主自らが売買する商品を積み、西回り航路を行き交った船の呼び名が北前船。蝦夷地(えぞ)から日本海沿岸、瀬戸内海を通って大坂まで、西回り航路は、黒潮に逆らう太平洋ルートより簡単かつ安く積み荷を運搬することができた。この航路にあたる町のマンホールの蓋には、北前船が点在する。

サンファン号

伊達政宗の命で、支倉常長の慶長遣欧使節のために建造した、日本初の洋式帆船、サン・ファン・バウティスタ号。常長はこの船で太平洋を往復し、ローマ法王に拝謁した。

宮城県
石巻市

伊達家紋章 九曜紋

矢切の渡し

松戸市矢切から葛飾柴又まで、江戸川を渡る矢切の渡し。現在でも観光用に、渡し舟が運航されている。

千葉県
松戸市

戦艦大和

広島県
呉市

呉海軍工廠で建造された史上最大の戦艦、大和。愛称大和ミュージアムの戦艦大和の十分の一模型には圧倒されるが…。零戦や人間魚雷回天、砲弾や魚雷の展示などミュージアムは、さながら戦争博物館。時代を後戻りさせてはならない。

町自慢 郷土富士

山容が富士山に似ている山や、その土地の代表的な山など、日本各地の「○○富士」と呼ばれる約三百数十の山、これらを郷土富士という。「天に架かる磐の梯子」を意味する磐梯山は、猪苗代湖の北にそびえる活火山。鉄や岩塩の産出、温泉の恵みなどから「宝の山」と謡われた。山の南側、会津若松市や猪苗代湖側からは穏やかな三角形で「会津富士」と呼ばれている。

町自慢100選 015 磐梯山（会津富士）
福島県 会津若松市

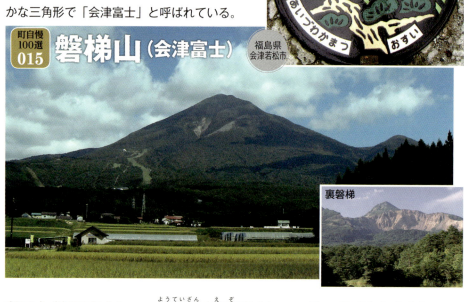

裏磐梯

利尻山（利尻富士）
北海道 利尻富士町

羊蹄山（蝦夷富士）
北海道 京極町

駒ヶ岳（渡島富士）
北海道 森町

三上山（近江富士）

滋賀県
中主町
（現野洲市）

標高432mの三上山、通称近江富士。
平安時代中期、この山を七巻き半していた大むかでを、平将門を討ち取った武将、藤原秀郷が弓矢で射殺したという伝説が残っている。

岩木山（津軽富士） 　妙高山（越後富士） 　大山（伯耆富士）

青森県　柏村（現つがる市）　　新潟県　妙高村（現妙高市）　　鳥取県　大山町

開聞岳（薩摩富士）

鹿児島県
指宿市

薩摩半島の南端、なだらかな稜線の開聞岳は海から突き出す「薩摩富士」。標高924m、頂上からの眺望は360度、海岸の砂むし風呂で知られる指宿温泉のシンボル。

町自慢 赤い木の実

福島県 本宮町（現本宮市）

細い幹は強くてよくしなるので弓の素材として利用され、これが名前の由来となった。
枝にぶらさがるようについている四角ばった木の実は、秋も深まってくるにつれてピンク色に染まり、四つに割れた皮のなかから真っ赤な種子が現れる。

町自慢100選 016 まゆみ

ななかまど

たいへん燃えにくく、七回も竈（かまど）にくべても燃えないといわれることから名付けられた、ななかまど。赤い実が鮮やかで、寒い地方では街路樹として植えられている。

北海道 砂川市

こぶし

その実が子供の握りこぶしに似ていることから、この名がある、こぶし（辛夷）。早春、真っ白な花を咲かせる。実が熟すと黒くなった鞘が割れて、朱い実が現れる。

はなみずき

白や薄桃色の花をつける北アメリカ原産のハナミズキ。秋になると種子が真っ赤に色づく。

そてつ

都井岬には、天然記念物の野生の御崎馬と、特別天然記念物、約3000本の自生の蘇鉄。雌株にできる朱い実は、飢饉の時の食糧にもなっていた。

「日向の国 都井の岬の 青潮に 入りゆく端に ひとり海見る」。坪谷村（今の日向市）出身の旅に生きた詩人、若山牧水の和歌がマンホールの蓋に記されている。

町自慢 祭り①

茨城県石岡市

町自慢100選 017 幌獅子

毎年9月に行われる、常陸国総社宮例大祭。獅子頭の幌（胴幕）を伸ばして、囃子方が乗った屋台を覆う。この幌馬車ならぬ幌獅子が、40万人ともいわれる観客のなかを練り歩く。
囃子に合わせ、激しく舞い踊る獅子頭を先頭に、30台もの幌獅子の連なりは、賑やかで、絢爛豪華。

最長30mもの大獅子を中心に、町中獅子舞だらけの、「獅子たちの里三木まんで願」。
まんでがんとは方言で「全部」、獅子舞を中心に、人・歴史・文化など全てを集めた祭りの意。

三木まんで願

香川県三木町

写真提供・三木町

長野県

御柱祭

7年目毎に一度、樅の大木を諏訪大社の御柱として切り出し、氏子たちが曳行する御柱祭。急坂での木落としは、最も華やかで最も危険。振り落とされずに乗り切った氏子は英雄ともてはやされる。

鳥取県
鳥取市

しゃんしゃん傘

毎年8月中旬、4000人を超える踊り子が、鈴のついた傘をしゃんしゃんと鳴り響かせて街を踊り歩く、鳥取しゃんしゃん祭り。この原型は「因幡の傘踊り」、赤と青のカラフルなこの傘には、煩悩の数と同じ108個の鈴が付く。

秋田県
秋田市

竿燈

米俵に見立てた提灯がぶら下がる、重さ50kgの竿灯を、額・肩・腰に乗せバランスを保つ。江戸時代中頃、十文字の竹竿に数多くの提灯をつけ、太鼓を打ち鳴らしながら豊作を祈って練り歩いたのが竿燈の起源。

町自慢 祭り②

太鼓台

太鼓台は氏子が神社に奉納する山車の一種、内部に積まれた太鼓を叩いて練り歩くので、太鼓台という。新居浜市内の神社の秋祭りには、総数50台、重さ3トンの太鼓台が、150人もの男達に担ぎ上げられる。蓋には太鼓台の、大きく揺れる白い房と、辺りを睥睨する阿吽の龍。

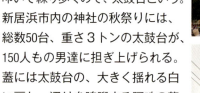

愛媛県新居浜市

ちょうさ

諸説はあるが、「チョオー サァアー ジャア」という掛け声から、豊浜の太鼓台は「ちょうさ」と呼ばれる。1万人に満たない町に、赤と金に光り輝く23台ものちょうさ、これが豊浜町の心意気。

香川県豊浜町（現観音寺市）

ふとんだんじり

三原市幸崎町能地(さいざきちょうのうじ)は日本書紀にも記されている古い港町。常盤神社の春祭りには、真っ赤な布団を重ねた4台のふとんだんじりが、豊漁を願って、町内の狭い道を駆け回る。

広島県三原市

大提灯祭り

愛知県
一色町
(現西尾市)

一色町の諏訪神社、その祭礼に献灯される提灯は、氏子が大きさを400年間競い合ううちに、全長10mにもなった大提灯。
暗くなると、奉納されていた1mを超す大ろうそくに灯が入る、三河一色大提灯祭り。

おまんと祭り

雨乞いや豊作を祈願して、尾張や西三河地方で行われてきた祭りのひとつ、飾り馬具をつけた馬を神社に奉納する「馬の塔」がおまんとの起源。
高浜市の春日神社の祭礼では、丸太で組んだ直径36mの円型馬場で、疾走する馬に若者が跳びつき、馬と一緒に走り回る「おまんとの駆け馬神事」が行われる。

愛知県
高浜市

写真提供・高浜市観光協会

町自慢

河童

河童は、天狗や鬼と並ぶ、各地に伝わる伝説上の動物。大きな甲羅を背負い頭の上には濡れた丸い皿、皿が乾くと元気がなくなる。好物はきゅうり、それで寿司の胡瓜巻を河童巻きという。
うな丼の発祥地といわれる牛久沼には、助けたかっぱが草刈りをしたり、薬の作り方を教えてくれたりなど多くの河童伝説がある。元気いっぱいの「かっぱのキューちゃん」が蓋のモチーフ。

茨城県牛久市

町自慢100選 018 かっぱの里

岡山県津山市

ごんご

町を流れる吉井川に棲むと伝わる河童。
ごんご祭り、ごんごバスなど、津山の人達は親しみを込めて河童を「ごんご」と呼ぶ。

かっぱ

坂上田村麻呂により勧請された磯良神社のご神体は、高さ15cmほどの木彫りの河童。ご神体は60年に一度開帳され、縁結び、子宝などにご利益があると信じられている。

宮城県
色麻町

河童橋

「一見した所は如何にも若々しい狂人」が語る河童の世界、芥川龍之介最晩年の代表作『河童』。この小説は、朝霧の降りた梓川の「河童橋」に着想を得たといわれている。

長野県
安曇村
(現松本市)

鹿児島県
川内市
(現薩摩川内市)

ガラッパ

関ヶ原で戦う士気を高めるため、島津義弘が始めたとされる川内大綱引。デザイン蓋のほかにも、ガラッパと呼ばれる河童と、大綱引きとを組み合わせたオブジェが、市内の各所に。

写真提供・川内大綱引き保存会

町自慢

汽車

SLのまち もおか、第三セクター真岡鐵道株式会社の真岡線では、C11型とC12型、2種類のSLが運行されている。

真岡駅の駅舎は蒸気機関車そのもの、大正時代の代表的な蒸気機関車、9600型が展示してあるSLキューロク館等、SLファンの必見スポット。

栃木県真岡市

町自慢100選 019

SLのまち

C11 325

SLキューロク館

9600型

静岡県御殿場市

D52

蒸気機関車D52型は、物資輸送力を強化するため、D51型を改良し昭和18年に開発された。1660馬力、日本の蒸気機関車のなかで最大の出力。箱根の山越えなど急勾配が多い御殿場線では、客車を牽引した。

写真提供・安平町

北海道
追分町
(現安平町)

D51

追分機関区跡地に作られた鉄道資料館には、D51型機関車が格納され、国鉄OBたちの手によってメンテナンスされ、披露されている。

森林鉄道

写真提供・赤沢自然休養林

長野県
上松町

上松町の蓋のデザインは、木曽のヒノキだけでなく、住民も乗せていた森林鉄道。昭和50年に姿を消したが、当時の面影そのままに赤沢自然休養林で往復2.2kmを保存運行中。

雨宮21号

丸瀬布森林公園いこいの森、公園内には全長2kmの線路が敷設され、蒸気機関車「雨宮21号」が運行（週末と夏休み期間、冬季休業）されている。
森林鉄道として設計された「雨宮21号」は、東京の雨宮製作所で製作され、昭和33年までの30年間、地域住民唯一の交通機関にもなっていた。

北海道
丸瀬布町
(現遠軽町)

町自慢 メルヘン

栃木県
石橋町
(現下野市)

町自慢100選 020 赤ずきん

白雪姫やシンデレラ、ヤーコブとヴィルヘルムの兄弟が、ドイツに伝わる民話を編集したグリム童話は、アンデルセン、イソップと並ぶ童話集。
昭和41年、石橋町は同じ名前、グリム兄弟が生まれたドイツのシュタイン(=石)ブリュッケン(=橋)村と、児童絵画の作品交換など、姉妹都市としての交流を始めた。平成8年には、もっとグリムやドイツの事を知ってもらおうとグリムの森が作られ、そこにドイツ風のグリムの館が建てられた。館にはグリム兄弟やグリム童話、ドイツのことについての資料が収集・展示されている。
蓋のデザインはグリム童話から、赤ずきんと狼。

白雪姫

福島県
金山町

妖精

沼沢湖のほとり、森に囲まれた妖精美術館には、妖精に関するいろんな資料が揃っている。
中国語で妖精は、妖怪などの魑魅魍魎(ち み もうりょう)のこと。

ガリバー

滋賀県
高島町
（現高島市）

イギリスの社会風刺小説『ガリバー旅行記』。ガリバーは、小人の国や巨人の国、空飛ぶ島ラピュタや魔法使いの島などに行った後、1709年（徳川家宣の時代）には日本にも立ち寄っていた。
子供たちに、ガリバーのような冒険心と元気な体を持って欲しい、と建設されたガリバー青少年旅行村は、ガリバーがテーマのキャンプ宿泊施設。

赤毛のアン

小説『赤毛のアン』の舞台、プリンスエドワード島のシャーロットタウン市と姉妹都市の芦別市。
広大な露天掘りの炭鉱跡地に、19世紀のカナダの町並みを再現したカナディアンワールド公園、アンの家のレプリカも建っている。

北海道
芦別市

アンの家

町自慢 ゆるキャラ

昔はマスコットキャラクター、今はゆるキャラ。その違いは着ぐるみの有無？ 最近、蓋のモチーフに、ゆるキャラを使う市町村が多くなっている。湧き出す高い温度の湯を冷ますため、草津温泉では「湯畑」に湯を通し、風呂場では大きな板で湯をかき混ぜる「湯もみ」が行われている。草津温泉の蓋にはゆるキャラの「ゆもみちゃん」、湯もみをしながら、観光大使の大役も担う。

町自慢100選 021 ゆもみちゃん

群馬県草津町

湯もみ体験

ふじみん　埼玉県ふじみ野市
地蔵院境内に咲く樹齢三百年のしだれ桜。この桜の妖精がふじみん。

ふっかちゃん　埼玉県深谷市
甘くて柔らかい深谷ネギは、下仁田、岩津と並ぶブランドネギ。

熊寺郎　大阪府泉南市
江戸時代からタイムスリップした金の熊。持った刀は、妖刀あなご丸。

アユッキー

播州平野をゆったりと流れる加古川に、突然現れる激流が闘竜灘。アユッキーはこの激流を泳ぐ鮎の大将。
毎年5月1日、闘竜灘では日本一早く、鮎漁が解禁される。

兵庫県滝野町（現加東市）

ターム君

沖縄県金武町

ちゃこちゃん

静岡県菊川町（現菊川市）

いなりん

愛知県豊川市

水田で栽培する里芋が田芋。田芋が特産品の金武町では、タームと言う。

深蒸し菊川茶のイメージキャラ、ちゃこちゃんは小山ゆう氏のデザイン。

狐を祀る豊川稲荷。狐の好物は油揚げ、いなり寿司はもっと大好き。

ぷっちーな

北海道剣淵町

ビバアルパカ牧場

プッチーナはペルーからやってきたアルパカ。毛を刈る前と刈った後では、まるで別の生き物。

町自慢 滝

900万年前の噴火によって流れ出した溶岩の川床を、片品川の流れが川を斜めに横切る形で削り取って作られた、高さ7m幅30mの滝。割れ目から大量の水しぶきが吹き上がることから、吹割の滝と呼ばれている。
遊歩道も整備され、右岸の観瀑台からの眺望は滝の全景を見渡せ、そのスケールを実感できる。この浸食は今も続き、いずれ千畳敷を越え、上流の吹割橋に到るとのこと。

群馬県
利根村
(現沼田市)

町自慢100選 022 吹割の滝

養老の滝

岐阜県
養老町

←吹割橋
←千畳敷

孝行息子が持ち帰った滝の水、いつのまにか酒に変わり、これを飲んだ年老いた父親は若返ったという。
この地に行幸した元正天皇は「この水を以って老いを養うべし」と養老（717〜724年）に改元し、この滝も養老の滝と呼ばれるようになった。

箕面大滝

阪急電車箕面駅から、ゆっくり歩いて1時間。流れる水の姿が、裏返した農具の箕に似ていることから名付けられた、箕面大滝。
春の新緑、秋は紅葉で賑わう行楽地。自然に返す運動で最近少なくなった日本猿にも会える。

大阪府箕面市

天滝

渓流に沿った細い道をひたすら昇って45分、いきなり目の前に天滝が現れる。落差30m、岩の壁に弾かれながら、天から降ってくるように流れ落ちる水しぶき。

兵庫県大屋町（現養父市）

原尻の滝

9万年前の阿蘇の大噴火で流れ出た溶岩の先端に、緒方川が直接流れ込んでできた、原尻の滝。高さは20mだが、幅は120mにも及ぶ。道の駅「原尻の滝」を基点に、滝のすぐ上の沈下橋と下流の吊り橋を回る遊歩道で、滝一周は30分。

大分県緒方町（現豊後大野市）

町自慢 夜空

昭和37年封切り、吉永小百合主演の映画「キューポラのある街」の舞台は川口市。昭和60年頃まで、コークスを燃やし鉄を溶かす炉、キュポ・ラ（キューポラ）の煙突が林立していた。
鋳物の街川口市の、ふじの市商店街には、さそり座・おうし座・かに座など、星占いの星座のマンホール蓋が勢揃いし、川口駅前には、鋳物の街の象徴、溶かした鋼鉄を鋳型に流し込んでいる「働く歓び」のブロンズ像がある。

埼玉県川口市

町自慢100選 023 星占い

星座

北海道芦別市

石炭産業で栄え、ピーク時には７万人を超えた人口も、今ではその20%。澄んだ空気と青い空が自慢、「星の降る里あしべつ」。
蓋のデザインは白鳥座・オリオン座いて座など、７種類の星座。

三日月

三日月藩の城下町、三日月町は明るく輝く月の里。夕陽が沈むと小高い丘の中腹に、上弦の月が輝く。

兵庫県
三日月町
（現佐用町）

北斗七星

山口県
下松市

天の川

新潟県
新潟市

土星

茨城県
つくば市

オーロラ

しばしばマイナス30℃以下になる日本一寒い町、陸別町の蓋には真っ赤に大ブレークしたオーロラ。
オーロラが現れるのは緯度65度以上といわれているが、北緯43度の陸別町でも稀にだがオーロラが現れ、銀河の森天文台で観測されている。

北海道
陸別町

フェアバンクスで　　　銀河の森天文台

53

町自慢

藤

「藤の花、しなひ長く色よく咲きたる、いとめでたし」（枕草子）。しなやかに垂れ下がり、そよ風に揺れる長い薄紫色の花は、爽やかで美しい。春日部市牛島の庭園「藤花園」の藤は、枝張り230畳、弘法大師が植えたとも伝わる、樹齢1200年の日本最古の藤の大木。

約1100件の国宝に対し、80件に満たない特別天然記念物、そのひとつが「牛島の藤」。

埼玉県
春日部市

町自慢100選
024 **牛島の藤**

熊野の長藤

静岡県豊田町（現磐田市）

平安末期、平宗盛の寵愛を受け、謡曲「熊野（ゆや）」にも謡われた熊野（ゆや）御前。御前のお手植えと伝わる行興寺の熊野の長藤は、根回り２m、房の長さは最長1.5mにも及ぶ。

ふじ　神奈川県藤沢市

ふじ　神奈川県藤野町（現相模原市）

ふじ　愛知県江南市

阿知の藤

岡山県倉敷市

大原美術館など、観光客で賑わう倉敷美観地区の近く、神功皇后の時代に創建された阿智神社。その境内、20m四方に枝を張るアケボノフジの巨木が「阿知の藤」。

町自慢

飛ぶ

明治36年のライト兄弟による、世界初の有人動力飛行などに刺激を受け、臨時軍用気球研究会が結成され、明治44年、所沢に航空機専用飛行場が開設された。昭和53年、この地に所沢航空記念公園が作られ、平成5年、航空をテーマにした所沢航空発祥記念館が開館した。

記念館のロビーには、明治44年製作、日本初の国産機とされる「会式一号機」のレプリカが展示され、マンホール蓋のデザインにもなっている。

埼玉県 所沢市

町自慢100選 025 飛行機

パラグライダー

地形や風、パラグライダー飛行の自然条件に恵まれた、上越尾神岳は、パラグライダースクールや競技大会が開かれるなど、日本屈指のパラグライダースポット。

新潟県 吉川町（現上越市）

紀ノ川の河原で

56

H-Ⅱロケット

国産ロケットのエンジン開発を行っている、JAXA角田宇宙センターや、スペースタワー・コスモハウスのH-Ⅱロケット実物大模型など、角田市はロケットの街。

宮城県角田市

回収されたエンジン

国産ロケットのあゆみ

バルーン

北海道滝上町

熱気球

北海道上士幌町

飛行船

埼玉県桶川市

玉虫型飛行機

香川県仲南町（現まんのう町）

明治24年にゴム動力の模型飛行機、その2年後、玉虫が薄い2枚の下翅を使って飛んでいるのをヒントに、翼幅2mの「玉虫型飛行機」を作製した二宮忠八。これらは、ライト兄弟の世界初有人動力飛行に10年以上も先だっていた。

「二宮の設計図は"人間の独創性を評価できない人々"によって葬られた。二宮の不幸は日本人に生まれたことかも知れない。」（井沢元彦『逆説の日本史』より）

町自慢 唄

證誠寺の庭で和尚と一緒に、楽しく唄い踊り続けていた百匹もの狸たち。ところが5日目の朝、腹鼓を打ちすぎた大狸は、腹が破れて死んでしまっていた。

木更津を訪れた野口雨情が、この伝説を題材に作詞をしたのが童謡「証城寺の狸囃子」。證誠寺の境内には童謡記念碑と大狸を弔った狸塚がある。

千葉県 木更津市

町自慢100選 026 狸囃子

さかさ狸のきぬ太・JR木更津駅前

炭坑節 — 福岡県田川市

伊那節 — 長野県伊那市

貝殻節 — 鳥取県気高町（現鳥取市）

めだかの学校

「めだかの学校」を作詞した茶木滋氏は、小田原市荻窪付近ののんびりした田園風景を思い出しながら、この詞を書いたと語っている。荻窪用水のそばには、歌碑と水車小屋をかたどった「めだかの学校」が建てられている。

神奈川県小田原市

赤とんぼ

子守りを頼んでいた娘（ねえや）に背負われながら、真っ赤な夕焼けと赤とんぼを見ていた。三木露風はこのことを思い出しながら、童謡「赤とんぼ」の詞を書いた。

兵庫県龍野市（現たつの市）

てるてる坊主

長野県池田町

童謡「てるてる坊主」の作詞は浅原六朗。故郷池田町にある文学記念館には、著作・書簡・蔵書などのほか、毎年行われている「てるてる坊主アート展」の応募作品も飾ってある。

あずみ野クラフトパークでのアート展・池田町提供

町自慢 **俳句**

小林一茶は江戸時代を代表する俳諧師の一人。身近な出来事を優しい視点と、易しい言葉で詠んだ俳句は2万句にものぼる。

信濃で生まれ、江戸で俳句の修行を行った一茶。武蔵の国竹の塚で、蛙の相撲を詠んだ「やせ蛙まけるな一茶是にあり」のデザイン蓋が、足立区の竹ノ塚駅付近に。「蝉なくや六月村の炎天寺」と詠んだ炎天寺には、一茶の銅像や句碑、相撲を取る蛙の像もある。

東京都足立区

雀の子そこのけそこのけお馬がとおる

長野県信濃町

町自慢100選 027 一茶

芭蕉

史上最高の俳諧師、伊賀上野出身の松尾芭蕉。俳句を芸術の域にまで高め、俳聖とも呼ばれている。生誕300年を記念して、昭和17年、伊賀上野城内に俳聖殿が建てられた。

三重県上野市（現伊賀市）

山頭火

旅を続けた自由律俳句の種田山頭火。「春風の鉢の子一つ」は、暖かい春風のなか鉢の子(托鉢用の鉄鉢)を持って托鉢に回るのんびりした一句。
山陽道の宿場町、鉄道が敷設されてからは鉄道の町小郡の、蓋にはＳＬやまぐち号と山頭火の一句。

山口県小郡町(現山口市)

ＳＬやまぐち号

千代女

「朝顔やつるべとられてもらひ水」、女性の細やかな感性にあふれる、加賀の国松任で生まれた千代女の代表作。
市の花は菊だが、蓋のモチーフはこの俳句からとった、朝顔の花。

石川県松任市(現白山市)

子規

粟井坂

子規・漱石句碑

技巧に走る古今を否定し、万葉を称賛した正岡子規。
「涼しさや馬も海向く粟井坂」は、坂道を登ってきた馬が一休みしている様子を、修辞技巧を排して詠んだ一句。

愛媛県北条市(現松山市)

町自慢 七夕

旧暦7月7日の七夕は節句のひとつ、伝統的な年中行事を行う節目となる日。江戸時代にはいり七夕の日に、願い事を五色の短冊に書き、青竹に飾り付けて、川や海に流す風習が広まった。空襲からの復興祭りが昭和25年に、その翌年から「湘南ひらつか七夕まつり」が始まった。大型の竹飾りを中心にした七夕飾りは市全体で3000本、期間中の観客動員数は200万人以上にもなるという、日本有数の七夕まつり。

神奈川県平塚市

町自慢100選 028 ひらつか七夕

七夕絵どうろう

300年前、湯沢の佐竹南家へ嫁いだ公家の姫君が、京への郷愁を五色の短冊に託し、青竹に飾りつけたことがまつりの始まり。

浮世絵美人の描かれた、大小数百の絵灯篭が華やかな、七夕絵どうろうまつり。

秋田県湯沢市

七夕まつり

愛知県
安城市

願い事短冊や願い事風船などに願い事を書いて、「願い事日本一の七夕」を目指す、昭和29年に始まった安城七夕まつり。

織姫と彦星

新婚生活の楽しさに浮かれ、天帝の怒りをかって天の川の両岸に引き離された、織姫と彦星。かささぎが架ける橋で、七夕の夜にだけ会うことができる。

東京都
福生市

七夕ちょうちん

山口県
山口市

点火

室町時代、お盆の夜に高灯篭に火を灯し、笹竹に吊るしたのが七夕ちょうちんの起源。
暗くなると、10万個もの提灯にろうそくの火が一斉に灯され、真っ赤なトンネルが現れる。

|町自慢|
|養殖|

約200年前、今の小千谷市あたりで食用に飼っていた鯉に、色のついたものが現れた。この鯉をルーツに、絢爛豪華な錦のように改良された色鯉は、錦鯉といわれるようになった。
小千谷市の「錦鯉の里」、その大きな水槽には、この地の優秀鯉200尾が豪快な泳ぎを見せ、庭園の池には、オーナーから預かった100尾の錦鯉が悠然と泳いでいる。

新潟県
小千谷市

町自慢100選
029 錦鯉

三重県
大王町
(現志摩市)

真珠

真珠王といわれる御木本幸吉が確立した、真円真珠の養殖技術。
澄んだ海水、波の静かな英虞(あご)湾は、アコヤ貝の生育に最適の場所。湾の一番奥まった場所の大王町、特産品は養殖真珠。

金魚

奈良県
大和郡山市

室町時代に中国から伝来した、金魚はフナの変異種、江戸から明治にかけ品種改良が進んだ。
武士の副業として養殖がおこなわれた、全国有数の金魚の産地大和郡山。毎年夏、地方予選の上位通過者で、全国金魚すくい選手権大会が行われている。

愛知県
弥富市

金魚と文鳥

江戸末期、大和国郡山の金魚商人が、運んでいる金魚を休ませるため、弥富に溜め池を作ったのが、金魚養殖の始まり。
丹頂・桜錦など、高級金魚に特化している弥富の町は、手乗り文鳥も盛んに飼育されている「文鳥の里」。

桜錦　丹頂

チョウザメ

北海道
美深町

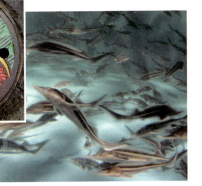

天塩川中流の美深町、キャビアによる町おこしと天塩川への放流を目指し、「チョウザメ館」の４つの飼育水槽で、チョウザメを養殖中。

町自慢 **保護鳥**

町自慢100選 030 とき

新潟県新穂村（現佐渡市）

古くから日本全域で飛んでいた、うす桃色のきれいな羽根のとき（朱鷺）。乱獲と、農薬や土地開発などによる餌の減少により、平成15年に絶滅した。平成10年から始められた、日本と同一種の中国産ときの飼育繁殖は、平成20年の放鳥、平成24年には野生化したつがいが繁殖に成功するなど、順調に推移し、個体数は徐々に増えていっている。

おじろわし 青森県六ヶ所村　**おおたか** 東京都瑞穂町　**かんむりわし** 沖縄県石垣市

らいちょう

約2万年前の氷河期から生き残り、冬になるとまっ白な羽毛に生え替わって身を守るらいちょう（雷鳥）。
標高2000～3000mのハイマツ帯に生息し、冬でも高山に留まる日本唯一の鳥で、その個体数は北アルプスを中心に約3000羽だけ。

長野県
大町市

エトピリカ

アイヌ語で「くちばし（エトゥ）が美しい（ピリカ）」、橙色の大きくて美しい嘴を持つ、渡り鳥エトピリカ。
日本が分布域の西端にあたるが、飛来数は年々減少し、地域絶滅の危険が大きい。

北海道
浜中町

オロロン鳥

北海道
羽幌町

その鳴き声からオロロン鳥と呼ばれるウミガラス、ペンギンそっくりの愛くるしい姿で、別名「空飛ぶペンギン」。羽幌町の沖合30kmの天売島(てうり)には、かって4万羽以上のオロロン鳥が産卵に来ていたが、平成16～19年には巣立数ゼロ。デコイを置いたり鳴き声を流したり、捕食者対策なども行い、徐々にだが、飛来数も増えている。
小樽から稚内まで約290km続く快走路、オロロンライン。羽幌町の出入り口では、大きなデコイが旅行者を送迎してくれる。

町自慢 漁

体長6～7cm、外部からの刺激で蛍のように発光するので、蛍イカと呼ばれる。普段は水深200～600mの深海に生息しているが、春になると産卵のため海岸に近付いて来る。

滑川市の沖合は、特別天然記念物指定の「ホタルイカ群遊海面」、夜間に沿岸に浮上してくるほたるいかを、明け方前に定置網を引き上げて捕獲。3月初めに解禁される、春の風物詩のほたるいかは、しろえびと並ぶ富山湾の宝石。

富山県
滑川市

町自慢100選
031 **ほたるいか漁**

鳥取県
河原町
(現鳥取市)

埼玉県

北海道
江別市

鮎釣り
江戸時代から続く、流れの速い千代川の鮎釣り。河原町は「鮎の町」。

投網
釣鐘状に広がるように、重りをつけた網を投げ魚を獲る、古くからの漁法。

やつめうなぎ漁
八つ目鰻は魚類でなくて円口類。大きな萱製のカゴで活け捕りにする。

こんぶ漁

北海道
三石町
(現新ひだか町)

利尻、羅臼、日高は昆布の三大産地。「日高昆布は三石昆布」と呼ばれるほど、三石町は日高昆布の中心地。船が出せない海が大荒れの日には、大波で根こそぎにされて流れつく昆布を、カギ棹を使って命懸けで収穫する。

広島県

鯛網

村上水軍によって始められたと伝わる鯛網漁。指揮船の合図で、2隻の船が網を曳いて巻き込む「しぼり網」といわれる漁法。桜色の鯛が網の中で跳びはねる、鞆の浦の鯛網。

しろうお漁

和歌山県
広川町

毎年春先になると、産卵のために満ち潮と一緒に広川を遡ってくる、3〜5cmの透明な魚、しろうお。漢字では「素魚」と書くスズキ目ハゼ科の魚、踊り食いが楽しめる。四手網を川底に沈め、魚影が網の上を通りかかった時、重い網を引き上げる。

69

町自慢 関所

町自慢100選 032 **勧進帳**

石川県
小松市

源頼朝に追われ、山伏に変装して奥州平泉を目指す義経一行、安宅(あたか)の関にさしかかったとき関守の富樫左衛門の尋問を受けた。弁慶が白紙の勧進帳を掲げ即興で読み上げる、歌舞伎十八番のなかでも代表的な演目の「勧進帳」。
小松市の安宅(あたか)の関跡には、七代目松本幸四郎がモデルと言われる弁慶と、富樫、義経の銅像がある。マンホール蓋の勧進帳には「（下水道の水は）清き水となり大地をうるおせ」。

福島関所

中山道の木曽川に沿った道が木曽路。その中ほど、険しく狭い断崖の上にあるのが福島関所。
「入り鉄砲に出女」といわれるよう、鉄砲の江戸への持ち込みと、人質として江戸に居る大名の妻子が、国元へ逃れることを、厳しく取り締まった。

長野県
木曽福島町
(現木曽町)

贄川関所

山間の脇道が多い木曽路。福島関所を補完する役割を果たしていたのが、木曽路の玄関口にあたる贄川(にえかわ)関所。女改めと、ヒノキなどの木曽木材の取り締まり、いわゆる白木改めの役割を担っていた。

長野県
塩尻市

静岡県
新居町
(現湖西市)

新居関所

四大関所とは、中山道の碓井と福島、東海道の箱根と新居(あらい)の各関所。
「入り鉄砲と出女」が特に厳しくチェックされていた新居関所は、当時の建物が残る唯一の関所。

町自慢 伝統芸能

石川県輪島市

1577年、越後から上杉謙信の軍勢が押し寄せた。郷土防衛に燃え立った村人達は古老の知恵に従い、海藻を頭髪にした鬼面を着け、太鼓を打ち鳴らしながら夜襲をかけて上杉軍を追い払った。これが御陣乗太鼓の始まり。

徐々に早まる太鼓のリズム、序・破・急の三段打ちを繰り返す。異様な雰囲気と独特の迫力を持つ御陣乗太鼓は、70戸ほどの小さな集落、輪島市名舟町に伝わる郷土芸能。

町自慢100選 033 御陣乗太鼓

名舟大祭・御陣乗太鼓の奉納
能美市・勝田敏夫氏提供

静岡県島田市

写真提供・島田市

大名行列

3年毎の奇祭、島田大祭。安産祈願に奉納された帯を披露することから、別名「帯祭り」。ハイライトは大名行列、両脇に差した木太刀に金襴緞子の丸帯を垂らし、優雅に練り歩く奴姿の25人衆は、さながら元禄大絵巻。平成14年度、地域伝統芸能大賞受賞。

北原人形芝居

大分県中津市

写真提供・中津市

鎌倉時代に始まり、文楽のルーツともいわれる、北原(きたばる)人形芝居。
通常3人で操る人形を、足の指で人形のかかとを挟み、一人で演じる「はさみ遣い」が北原人形芝居の独特の操演法。

角兵衛獅子

足の指に傷を持った親の仇。仇を探すため、親方の囃子に合わせ、逆立ち踊りの芸をしながら、全国を旅したという説もある、角兵衛獅子(かくべえじし)。子供を使った、金銭稼ぎの大道芸として蔑まれてきたが、戦後、郷土芸能として復活した。

新潟県月潟村(現新潟市)

横仙歌舞伎

岡山県山間部の横仙(よこせん)地方で、農村の数少ない娯楽として江戸時代から伝わる地下(じげ)芝居、横仙歌舞伎。「子育て応援」の奈義町で、保存会によって年数回演じられる。

松神神社境内

子供歌舞伎

絵本太功記十段目

岡山県奈義町

町自慢 中生代

九頭竜川の上流、北谷地区の中生代ジュラ紀に続く白亜紀前期（約1億2千万年前）の地層、手取層群から国内の80%にもあたる恐竜（陸に棲む爬虫類）の化石が、次々と発掘され続けている。
福井県立恐竜博物館は、肉食恐竜のフクイラプトルや草食恐竜のフクイサウルスをはじめ、恐竜をテーマにした世界最大スケールの博物館。
隣接している恐竜の森公園や北谷の発掘現場で行われている、恐竜化石の発掘体験は大人気。

町自慢100選 034 恐竜王国

福井県 勝山市

フクイラプトル

アンモナイト

山口県 美祢市

美祢市化石館の、約3億年前の古生代石炭紀のアンモナイトの化石。小指の先ほどの大きさが、時代が経るにつれ、次ページ写真のように、巨大化していく。
マンホール蓋の、日本一古いデザインモチーフ。

アンモナイト類の化石
ネオイコセラス オウエノセラス
Neoicoceras sp., Owenoceras sp.
石炭紀(3億5千万年〜2億9千万年前)
美祢市伊佐町河原雨乞山

北海道
三笠市

エゾミカサリュウ

日本初の肉食恐竜と考えられ、エゾミカサリュウと名付けられた化石が、研究が進むにつれ、約8千万年前のモササウルス（海に棲むトカゲの仲間）と判明した。

三笠市の蓋は、まず最初に「エゾミカサリュウ」とアンモナイトが描かれ、判明後は「モササウルス」も登場する。

北海道
中川町

魚竜

2億4千万年前の中生代三畳紀前期の地層から発掘された、世界最古の魚竜化石。発掘された場所に、発掘された状態を観察できるように建てられた魚竜館は、平成23年の東日本大震災で流失してしまったが、収蔵品は救出されている。

首長竜

約1億〜7200年前、白亜紀後期の海中に棲んでいた、亀のような胴体に長い首を持つ、体長10m前後の首長竜。「ネッシー」はこれを模したトリック写真。中川町のエコミュージアムセンターと、むかわ町の穂別博物館にその骨格が展示されている。

北海道
穂別町
(現むかわ町)

宮城県
歌津町
(現南三陸町)

魚竜館跡・平成24年8月

町自慢 洋館

福井県
三国町
(現坂井市)

九頭竜川の河口、三国町の歴史は、6世紀初めの継体天皇の時代に遡る。漁港、北前船の立寄り港などで、江戸から明治にかけ繁栄を極めた。名勝東尋坊を背景に追いやって、デザイン蓋の中心には龍翔館、これが三国町の矜持。

龍翔館は明治12年、湊の豪商らによって建てられた生徒数300名もの小学校校舎。この五層八角、ドーム状の屋根を持つ洋館が、昭和56年に町を見渡せる高台に復元された。設計はだまし絵で有名なM.C.エッシャーの父、オランダ人土木技師G.A.エッセル（英語読みではエッシャー）。

町自慢100選 035 龍翔館

名勝・東尋坊

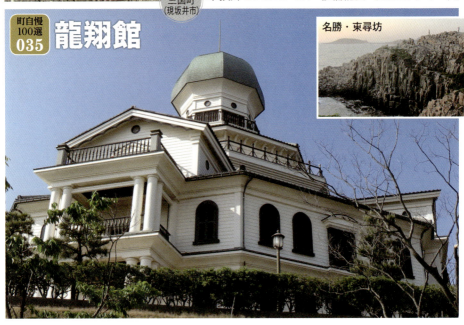

ピアソン記念館

北海道
北見市

大正から昭和にかけて宣教活動を行った、ピアソン夫妻の住居を、元の状態に戻す復元工事を施して記念館とした。
元の建物の設計はW.M.ヴォーリズ。

旧道庁

北海道

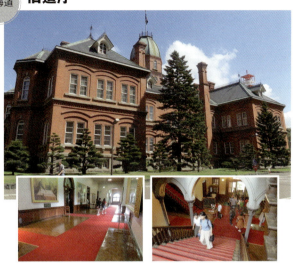

地上2階地下1階、明治21年に建てられた北海道庁旧本庁舎、愛称は「赤レンガ庁舎」。内外に国威を示す、ネオバロック様式の威風堂々とした煉瓦造り。館内は無料公開。

函館ハリストス正教会

北海道函館市

幕末にロシア領事館の礼拝堂として建てられた、函館ハリストス正教会。
ハリストスとはギリシャ語でキリストのこと。鐘の音から、別名ガンガン寺。

伊藤公邸

山口県大和町（現光市）

初代内閣総理大臣、伊藤博文の別邸。敷地内の顔ハメは勿論、千円札。
地元では尊敬に親しみを込めて、「イトコー」と呼ぶ。

町自慢

昆虫

「夏は夜、ほたるの多く飛びちがひたる。」と枕草子にもあるように、ほたるは夏の夜の風物詩。体長15㎜前後の大型で強い光の源氏ぼたる。小型の平家ぼたる、陸生でチカチカと点滅するひめぼたるが、ほたるの代表的品種。

山梨県 昭和町

町自慢100選 036 げんじぼたる

蛍狩り 京都府三和町（現福知山市）

蛍のひかり 山口県山口市

ひめぼたる 岩手県二戸市

べっこうとんぼ 静岡県磐田市

色と模様が鼈甲に似ていることから、べっこうとんぼ。体長は4㎝前後、シオカラトンボよりやや短い体長と、やや太い胴を持つ。生息に適した池や沼が減少し、磐田市の桶ヶ谷沼など数か所が繁殖地の、絶滅危惧種。

3月・福知山市大地洋次郎氏宅で

ぎふちょう

岐阜県谷汲村（現揖斐川町）

残雪が残る早春、日本各地の里山に飛び始めるぎふちょう。その食草は、谷汲村(たにぐみ)で初めて発見された。
胴体に細かい毛が生え、黄色と黒の縦じま模様の翅が特徴。

おおむらさき
日本各地に分布し、広げた翅の幅が5cm以上、光沢のある青紫色が美しい。雑木林を雄大に飛び回る、おおむらさきは日本昆虫学会が選んだ、日本の国蝶。

北海道栗山町

6月・大地氏宅で

長野県原村

みやましろちょう
高原や渓谷で育つ、白色の翅に黒色を帯びた外縁と脈とを持つ3〜4cmの小型の蝶。北アルプスでは絶滅、南アルプスや八ヶ岳山麓の原村など、生息地は限られてきている。

てんとう虫
埼玉県川里町（現鴻巣市）

あめんぼ
山口県小郡町（現山口市）

すずむし
長野県松川村

町自慢 橋

町自慢100選 037 猿橋

山梨県大月市

猿が藤蔓によじ登り断崖を渡っているのをヒントにして、推古天皇の時代に架けられたという伝説を持つ、甲斐の猿橋。
川面が深くて橋脚を建てられないので、川岸の岩盤に開けた穴に木材を差し込んで基礎を作り、これを支点に橋を架けていく、刎橋（はねばし）といわれる架橋法。
水面からの高さ30m、橋の長さは31m。

錦帯橋

山口県岩国市

岩国城の麓を流れる錦川に、1673年に架けられた錦帯橋（きんたいきょう）、橋脚の代わりに石垣を築き、その上に架けられた五連のアーチ。昭和25年の台風で流失するまでの276年間、石垣はアーチを支え通した。

萬代橋

萬代橋は明治19年、信濃川に架けられた最初の橋。6つのアーチ、御影石で化粧した現在の橋は、昭和4年竣工の3代目。マンホール蓋のデザインはこのアーチを美しく力強くデフォルメ。

新潟県新潟市
ばんだいばし

鋳鉄橋

銀の生野鉱山、スズの明延鉱山(あけのべ)、神子畑選鉱場(みこばた)の3か所を結んだ輸送路が「鉱石の道」。ここに架けられたのが、鋳物で造られた神子畑鋳鉄橋(みこばたちゅうてつきょう)。明治20年竣工、現存する鋳鉄橋のなかで日本最古。

兵庫県朝来町（現朝来市）

眼鏡橋

長崎県諫早市

古くから何度も洪水に襲われた本明川(ほんみょう)、氾濫に流されない頑丈な橋をと、1839年、二連のアーチを持つ眼鏡橋が架けられた。
昭和32年の諫早大水害(いさはや)の時、この頑丈な橋が瓦礫を堰き止め水を溢れさせた。計画された橋の撤去は、眼鏡橋を残したいという市民の願いで変更、昭和36年に諫早公園へ移設されている。
長さ45m高さ6m、使われている石材は2800個。

町自慢　宿場

善光寺参拝のために整備された北国街道の海野宿は、本陣・脇本陣・旅籠など、約6町(600m)にわたる宿場町。

広い道幅の街道の中央には用水路、その両側には約100棟の古い建物が残っている。海野格子と呼ばれる二段に重なった格子戸の、家並みが美しい。

町自慢100選 038 海野宿

長野県東部町(現東御市)

白井宿

群馬県子持村(現渋川市)

室町時代に白井城の城下町として始まり、その後宿場町へと発展していった白井宿。

白井堰と呼ばれる水路と、八重ざくら通りと呼ばれる八重桜並木が続き、鐘楼や井戸、土蔵造りの建物などが宿場の風情を残している。

三重県
関町
(現亀山市)

関宿

東海道の宿場町、関。東側では伊勢別街道、西側では大和・伊賀街道との追分（分かれ道）でもある宿場町。宿場には、古い町家が200棟余り保存されている。

新庄宿

姫路からほぼ西北方向、松江に到る出雲街道の、美作国（今の岡山県）西北端の宿場が新庄宿。
明治39年、日露戦争の戦勝記念として街道に植えられたソメイヨシノは、凱旋桜と呼ばれ大切に育てられてきた。ソメイヨシノの寿命は百年といわれるが、がいせん桜まつりには、きれいな花を咲かせている。

岡山県
新庄村

福岡県
筑穂町
(現飯塚市)

内野宿

小倉を基点とした長崎街道、筑前六宿のひとつが、内野宿。
黒田節に唄われた槍の名手母里太兵衛が、代官として宿場建設にあたったとの福岡藩記録がある。

町自慢	

旗印

三途川（さんずのかわ）の渡し賃は六文。これを旗印にした六文銭旗は、死を覚悟した真田一族の決意表明、戦う相手の戦意を喪失させる。

関ヶ原の戦いに向かう徳川秀忠の軍勢3万人を数千人で迎え撃った真田昌幸、大阪冬の陣と夏の陣での真田幸村の戦いぶり、一族の武功の誉れは高い。

蓋のデザインは、真田六文銭をアレンジした上田市のシンボルマーク、愛称「六花文（ろっかもん）」と市の花つつじ。

長野県上田市

町自慢100選 039 六花文

JR上田駅前・真田幸村像

六文銭旗

真田十勇士

長野県真田町（現上田市）

真田氏発祥の地、真田町（現上田市）の蓋のデザインは六文銭旗と真田十勇士。猿飛佐助や霧隠才蔵、三好清海入道など、真田十勇士は真田幸村に仕える十人の侍。大正時代には立川文庫、映画、講談などでも取り上げられ、人気を博した。

揚羽蝶

優美な蝶の文様は奈良時代、公家の家紋に愛用されていたが、これを家紋にした最初の武士が、平清盛。壇ノ浦で敗れた平家の落人が隠れ住んだ泉村の五家荘、蓋のデザインは揚羽蝶。

熊本県泉村（現八代市）
平家の里・清盛像

笹竜胆

笹の葉に竜胆の花、笹竜胆は源氏の家紋。
倶利伽羅峠の戦い（164ページ参照）で平家を破り、入京を果した木曽（源）義仲。その旗挙げの地、日義村の義仲館では笹竜胆の白旗が翻る。

長野県日義村（現木曽町）

村上水軍　　　能島水軍

戦国時代瀬戸内海で活動していた、海の大名ともいわれる村上水軍は、因島・能島・来島の三家に分かれていたが、旗印は○に上の字。因島市には村上水軍城、能島がある宮窪町には、村上水軍博物館が建つ。

広島県因島市（現尾道市）

愛媛県宮窪町（現今治市）

村上水軍城

村上水軍博物館

町自慢 新生代

恐竜が繁栄した中生代が終わり、約6500万年前から哺乳類と鳥類の新生代が始まった。その第四紀、約40万年前から約2万年前に生息していた象の化石は、それの研究者の名前からナウマン象と名付けられた。
昭和23年、湖底で偶然見つかった湯たんぽのようなナウマン象の臼歯をきっかけに、野尻湖の発掘調査が始まり、3～5万年前の旧石器時代の、ナウマン象やオオツノジカなどの化石が大量に発掘されている。

長野県信濃町

町自慢100選 040 ナウマン象

北海道忠類村（現幕別町）

ナウマン象

忠類村でも昭和44年、農道工事現場の約12万年前の地層から、ナウマン象全骨格の70～80％の化石が発掘された。
忠類ナウマン象記念館の説明では、ナウマン象はインド象に、マンモスはアフリカ象に進化していったとのこと。

マンモス

約5万年前の氷河時代のマンモスの臼歯が、平成2年、由仁町東三川で発掘された。「ゆめっく館」では、この日本最古のマンモス臼歯や長い牙のマンモス像を展示。

北海道
由仁町

博物館ロビーの原寸大レプリカ

大阪府
豊中市

マチカネワニ

昭和39年、豊中市待兼山町の大阪大学新校舎建築現場から、約45万年前に生息していた、全長7mを超えるワニの、ほぼ完全な化石が発掘された。発掘場所から化石は、マチカネワニと名付けられた。

おにぎり

弥生時代中期、約2000年前の杉谷チャノバタケ遺跡の竪穴住居跡から出土した、8cm×4cm×3.5cmの炭化した米の塊は、日本最古のおにぎり。学術的には「粽状炭化米塊」。

石川県
鹿西町
(現中能登町)

町自慢

広重

町自慢100選
041
大井宿

岐阜県
恵那市

渓斎英泉と歌川広重合作の、中山道を描いた浮世絵、木曾海道六十九次。広重が描く大井宿は、降りつもる雪の中を行く旅人だが、デザイン蓋の季節は春？
恵那市大井町を流れる、阿木川に架かる橋の欄干には、六十九次のパネルが嵌められている。

長野県
和田村
(現長和町)

和田宿

中山道28番目の宿場、和田宿。広重が描くのは旅人が難渋する雪の和田峠だが、蓋は爽やかな夏木立。

赤坂宿

鯉屋（大橋屋）

愛知県
音羽町
（現豊川市）

歌川広重作の浮世絵、東海道五十三次。赤坂宿は、音羽町の旅籠鯉屋の宿泊客と蘇鉄の木。
鯉屋（今は大橋屋）は、東海道筋に唯一残る江戸時代の旅籠の建物。

四日市宿

三重県
四日市市

伊勢神宮への参拝客で賑わった四日市宿。風に吹き飛ばされた笠を追う旅人などを真ん中に寄せ、広重の絵を円いカンバスに上手に納めている。

草津宿

滋賀県
草津市

広重は多くの版元から、合わせて30種余りの「東海道五十三次」を出版した。なかでも、1833年に出版された保栄堂版が、最も多く刷られ、最もよく知られている。草津市の蓋のデザインは、保栄堂版でなく有田屋版の草津宿。保栄堂版の賑やかな宿場の様子と違い、のんびりとした草津川（今の天井川）の風景が描かれている。

保栄堂版

有田屋版（草津宿街道交流館提供）

町自慢 民家

1183年の倶利伽羅峠の戦い（164ページ参照）で敗れた、平家の落人が隠れ住んだといわれている、豪雪地帯の白川郷。

掌を合わせたような形をした合掌造りの茅葺き屋根が、日照と通風を良くし、厳しい雪をやりすごすため、同じ形、同じ方向に並んでいる。白川郷から20〜30km、県境で接する富山県の五箇山地方にも、合掌造り集落がある。

町自慢100選 042 合掌造り

岐阜県白川村

五箇山・菅沼合掌造り集落

豪商の邸宅

大阪府富田林市

酒造りや木綿・呉服の拠点として繁栄してきた富田林。
防衛のため、角ごとに道をずらし見通しを悪くした「当て曲げ」と呼ぶ細い路地に、杉山家や仲村家など、豪商の邸宅が並ぶ。

環濠集落
一向宗門徒による武装宗教都市、橿原市今井町は、惣年寄制による自治権を信長から獲得していた。
濠と土居で囲まれた環濠集落には、約500戸もの江戸様式の町屋が残り、今西家の土間は「お白洲」と呼ばれている。

鰊番屋
鰊番屋は、日本海側の海べりに建てられた、鰊漁師や加工処理人たちの、宿泊所兼作業所。
網元の豪華な住居を併設して、鰊御殿とも呼ばれた。

舟屋

潮の干満差が小さく、波の静かな入江、伊根湾。
1階からは舟が出入りし、2階は生活の場。江戸時代中頃に始まった舟屋は、入江沿いに230棟も連なる。

町自慢

富士山

町自慢100選 043 富士山

富士川サービスエリアで

静岡県富士市

富士山は静岡県と山梨県にまたがる標高3776mの日本最高峰、並び立つものが無いので不二とも書かれ、富嶽・芙蓉峰とも呼ばれる。美しい稜線を持つ優雅な風貌は、代表的な日本の風景、日本の象徴ともいわれている。平成25年、世界文化遺産に登録された。

富士山と河口湖大橋

山梨県富士河口湖町

富士山を背景に、河口湖を渡る河口湖大橋。
山梨県側からの富士山は裏富士と呼ばれるが、美しさは表富士と同じ。

富士山 静岡県藤枝市

富士山 山梨県忍野村

富士山 山梨県富士吉田市

静岡県韮山町（現伊豆の国市）

富士山と反射炉

反射炉とは、燃焼室の熱を天井や壁で反射させ、更に温度を高くして鉄を精錬する装置。洋式大砲鋳造のため、江戸幕府が1853年、伊豆韮山に設置した。

戸田号 静岡県沼津市

難破したロシア人の帰国用に建造した、西洋式帆船戸田号。

町並み 東京都小平市

小平市と富士山の直線距離は約80km。町並みの遠くに富士山。

常州牛堀 茨城県牛堀町（現潮来市）

葛飾北斎の富嶽三十六景、常州牛堀。霞ヶ浦の苫舟と富士山。

町自慢 東海道難所

町自慢100選 044 **大井川**

静岡県 島田市

江戸時代東海道には、西国大名の江戸攻撃に備えて、川には橋が架けられていなかった。大井川にも橋は無く、自由に渡ることも禁止されていたため、旅人は人足の肩車や蓮台で川を渡ったが、大雨の増水で川止めになると、大井川は東海道最大の難所になった。
2㎞にわたり1500もの建物が軒を連ねていた大井宿、川越人足は650人、川越え料金は肩車の場合、水の深さに応じて48文（約1440円）～94文（約2820円）。

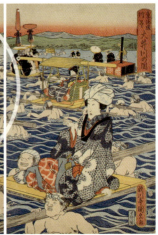

2代目歌川国久・東海道川尽大井川の図

酒匂川

酒匂川と富士山 / 神奈川県小田原市

江戸から京へ、東海道最初の難所は、富士の麓から相模湾に流れ込む、酒匂川（さかわがわ）。冬期には仮橋が架かったが、冬期以外は徒歩渡し（かち）、増水時には川越人足の力を借りなければならなかった。天下の険、箱根の山々の向こうに富士がそびえる。

中山峠

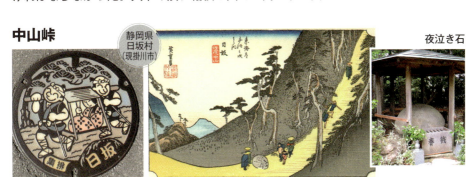

静岡県日坂村（現掛川市） / 夜泣き石

天下の険の箱根をはじめ、急坂もまた旅人を苦しめた。日坂（にっさか）と金谷の間の中山峠も難所のひとつ、駕籠や馬で峠を越えた。蓋と浮世絵に描かれた「小夜の中山夜泣き石」は、遠州七不思議のひとつ。

もうひとつの難所は海路。宮宿（現名古屋市熱田区）から桑名宿までの七里（約27km）は海上路、海難事故もしばしば発生した。渡船場跡は伊勢国への玄関、伊勢神宮の一の鳥居が立つ。

七里の渡し

三重県桑名市 / 渡船場跡

町自慢

松原

三保の松原は、古く平安時代から親しまれている景勝地、駿河湾の青い海の向こうに望む富士山が美しい。富士山の構成資産のひとつとして平成25年、世界文化遺産に登録された。

「松の枝に羽衣を掛けて、水浴びをする天女。その美しさに見とれてしまった男が、天女を帰すまいと羽衣を隠す」、これが日本各地に伝わる、天女伝説。三保の松原には、平成22年に世代交代をした、二代目と三代目の「羽衣の松」が残っている。

静岡県
清水市
(現静岡市)

町自慢100選 045 三保の松原

二代目（平成23年） 三代目

大阪府
高石市
天女

京都府
峰山町
(現京丹後市)
天女

万葉の昔から歌に詠まれた高師浜、その松林に残る天女伝説、南海本線羽衣駅や大鳥羽衣濱神社など、高石市は天女の町。峰山町にも、山頂の真名井（女池）で八人の天女が水浴びをしたという伝説が残っている。

津田の松原

江戸時代に防風林として植えられた松林と、白い砂浜とのコントラストが美しい、津田の松原。夏になると、波の穏やかな瀬戸内の海は、海水浴客で賑わう。

香川県
津田町
(現さぬき市)

気比の松原

旧国宝の大鳥居をもつ気比神宮、その神苑として管理されてきた気比の松原。海岸沿いの松原には珍しく、アカマツが8割以上も占めている。

福井県
敦賀市

虹の松原

佐賀県
唐津市

唐津焼の陶板

全長5km幅1kmにわたって、百万本といわれるクロマツの林が続く虹の松原、先端には唐津城が建つ。その林の長さから「2里の松原」と呼ばれていたが、明治の中頃から、2里が虹、「虹の松原」といわれるようになった。

町自慢 文学

盗人・釜右ェ門と鉋太郎

町自慢100選 046 新美南吉

愛知県安城市

『ごん狐』や『おぢいさんのランプ』など、昭和のはじめ、「心と心の通い合い」をテーマに、たくさんの童話を書いた新美南吉。教師として赴任していた安城市には、南吉の童話を題材にしたウォールペインティングが、街中至るところに。
蓋のデザインは、盗みに出かけたけれど、盗みをする代わりに人助けをして戻ってきてしまった5人の盗人の話、『花のき村と盗人たち』。

山形県高畠町

浜田廣介
はまだ ひろすけ

浜田廣介は、『泣いた赤鬼』（115ページ参照）や『竜の目の涙』、『椋鳥の夢』など、「やさしい心の大切さ」を語り続けた児童文学者。
生地高畠町の浜田廣介記念館では、第二中学校文化部の生徒たちの作品、赤おにさんがお出迎え。

伊豆の踊子

川端康成の小説『伊豆の踊子』は、天城峠を越えて下田に向かう旅芸人一行の踊子、薫（かおる）と少し鼻持ちならない一高生との旅物語。
湯ヶ島温泉の宿屋で見かけた旅芸人の一行、一行に追いついた天城峠、薫が湯殿から立ち上がり、裸のままで手を振った湯ケ野の福田屋、下田の甲州屋など小説の舞台は今も残っている。

静岡県 天城湯ヶ島町（現伊豆市）

天城トンネル

湯ケ野・福田屋

二十四の瞳

香川県 土庄町

満州事変から太平洋戦争までの暗い時代のなか、岬の分校での、おなご先生と12人の生徒達との、温かい触れ合いを描いた小説『二十四の瞳』。
作者壺井栄の故郷、小豆島に、分校は今でも残る。

金色夜叉

旧制一高生の間寛一（はざま）、その許嫁の令嬢お宮は、ダイヤの指輪を自慢する資産家へ鞍替え。怒る寛一は、熱海の海岸でお宮を足蹴に。
明治時代の文豪、尾崎紅葉（こうよう）作、『金色夜叉』（こんじきやしゃ）。

静岡県 熱海市

町自慢 **かきつばた**

知立市・無量寿寺
八橋かきつばた園

町自慢100選 047 **かきつばた**

愛知県
知立市

在原業平像

あやめ、かきつばた、花しょうぶ、植物分類上は全てアヤメ科アヤメ属で、非常に見分けにくい。そこで、「いずれアヤメかカキツバタ」の慣用句。

さて『伊勢物語』その第9段は東下り、在原業平を思わせる旅に出た男が、三河の八橋でかきつばたの花を見ながら「から衣　きつつなれにし　つましあれば　はるばるきぬる　たびをしぞ思ふ」と各行の頭に「か・き・つ・ば・た」を詠み込んで、京に居る妻にしみじみと思いを巡らせた。

知立市のデザイン蓋はかきつばたの花、「か・き・つ・ば・た」の歌のデザイン蓋も作られている。

京銘菓西尾八ッ橋は、この地の故事に由来している。

町自慢 テーマパーク

町自慢100選 048 スペイン村

志摩スペイン村は、スペインがテーマの複合レジャー施設。ハイライトはパルケエスパーニャパレード、フロートとパフォーマンスがスペインの陽気なお祭りを再現する。
英雄？ ドン・キホーテとサンチョ・パンサのブロンズ像が正門前に、蓋のデザインにも。

三重県志摩市

アドベンチャーワールド

和歌山県白浜町

ジープやバスでだけでなくサイクリングでも、猛獣が歩くサファリゾーンを周遊したり、動物と触れ合ったり。アドベンチャーワールドは動物園と遊園地、水族館も併せ持つテーマパーク。沢山のパンダ繁殖にも成功。

愛媛県
今治市

のまうまハイランド

野間馬は粗食に耐えおとなしくて力も強い、体長4尺（120cm）以下、日本最小の在来種。
戦後絶滅寸前になった野間馬の繁殖を行っているのが、のまうまハイランド。乗馬、エサやり、ブラッシング、野間馬が主役のテーマパーク。

金魚の館

長洲町は九州金魚の一大産地、交配を重ねて生まれたジャンボオランダ獅子頭のサイズは40cm以上。「金魚の館」は金魚がテーマの水族館。館の前ではオランダ獅子頭の巨大フィギュアがご挨拶。

熊本県
長洲町

デンパーク

大正時代、酪農や養豚などの北欧式農業をとり入れた安城は、日本のデンマークと呼ばれた。
デンマークならぬ、デンパークは「花と緑」のテーマパーク。風車が回り、色とりどりの花が咲き乱れる。

愛知県
安城市

町自慢 参詣

江戸時代の中ごろから、伊勢神宮参詣の通行手形が比較的容易に発行されるようになり、京・大坂の見物も兼ねて、現世利益への感謝や商売繁盛の願掛けを行いに、多くの商人や農民が伊勢神宮に参詣した。

のぼりに書かれている「おかげまいり」とは、ほぼ60年周期の、集団での伊勢参りのこと。ピークの1830年には430万人（人口の約14％）にもなったといわれている。

二見興玉神社で祓い清め、伊勢神宮の外宮、内宮の順に参拝するのが、正式な伊勢参り。

三重県伊勢市

町自慢100選 049 伊勢参り

二見興玉神社

外宮

内宮

野崎参り

慈眼寺（通称野崎観音）での無縁経法要、いわゆる野崎参り。このお参りの途中、屋形舟客と陸路の者との間で行われる、言い負かした方が運を摑めるとされる罵り合いは、参拝者たちの楽しみでもあった。

大阪府
大東市

河内名所図会・彩色模写
（資料提供/大東市立歴史民俗資料館）

こんぴら参り

「こんぴらさん」と呼ばれ親しまれている金刀比羅宮は、本宮まで785段、奥社までは更に583段の石段が続く。江戸時代中頃から、こんぴら参りは伊勢参りに次ぐ庶民の憧れとなっていった。

香川県
琴平町

熊野古道

和歌山県
田辺市

熊野本宮大社

熊野古道とは、京・大坂から、熊野三山（熊野本宮大社・熊野速玉大社・熊野那智大社）へ通じる、参詣道の総称。降雨量の多い紀伊山地の険しい道を守り、歩きやすくするため、石畳が敷かれていた。

町自慢 湖

楽器の琵琶に形が似ていることから名付けられたともいわれる琵琶湖。その面積は滋賀県の約6分の1、日本最大の面積と貯水量を持つ。21世紀の光源氏「おおつ光ルくん」をはじめ、琵琶湖大橋やクルーズ船ミシガン号、煌めく光が湖面に映える「びわ湖大花火大会」など、賑やかで楽しいデザイン蓋。

町自慢100選 050 琵琶湖

滋賀県大津市

石山寺で

青森県十和田湖町（現十和田市）

十和田湖

奥入瀬川の水源、十和田湖は青森県と秋田県にまたがる、周囲46kmのカルデラ湖。湖畔には高村光太郎最後の作品、たくましい二人の乙女の像。

洞爺湖

洞爺湖はほぼ円形のカルデラ湖、中央には溶岩ドームの名残りの中島が浮かぶ。蓋のデザインは湖の北岸にある、浮見堂公園。

北海道
洞爺村
(現洞爺湖町)

摩周湖

北海道
弟子屈町

茨城県
土浦市

摩周湖は、流れ込む大きな川が無いことから水が澄み、ロシアのバイカル湖に次ぐ透明度を誇る。
透明な水と211ｍの水深とが、摩周ブルーと呼ばれる深い藍色の湖面を作り出している。

霞ケ浦

霞ケ浦の面積は琵琶湖に次いで日本第2位、周囲は約250kmで日本一。
北には筑波山、シラウオやワカサギを獲る帆曳船が浮かぶ。

町自慢
てまり

滋賀県
愛知川町
(現愛荘町)

江戸時代から愛知川(えちがわ)で作られていたびんてまりを、ひとり細々と作り続けていた青木ひろさんが亡くなった。この技術を残そうと、昭和49年に結成された「びん細工てまり保存会」は、傍らで見守っていた夫の甚七さんの記憶を頼りに、ガラス瓶の中に手まりを納める、びんてまりを復活させた。平成12年には「愛知川町びんてまりの館」が建てられ、びんてまり作りの体験塾が開かれるなど、この伝承工芸の保存・普及が図られている。
てまりの作り方は、びんてまりの館のＶＴＲで。

町自慢100選 051 びんてまり

びんてまりの館

紀州てまり

紀州徳川家移封のとき、江戸の技法で作られたといわれる紀州てまりは、西条八十作詞の童謡「毬と殿様」で、広く知られるようになった。和歌山城近くの吉宗像は、大きい白い手まりのオブジェ付き。

和歌山県和歌山市

てまりのからくり時計

てまり遊び

松本てまり

長野県松本市

江戸時代中頃から、松本藩の子女の間で、身近な玩具として作られたのが、松本てまりの始まり。芯に繭玉を入れるなどよく弾む工夫がされた松本てまり、カラフルな色糸を使ったちどり掛けが特徴。

新潟県栃尾市（現長岡市）

栃尾てまり

かって紬の産地だった栃尾では、残り糸を使った手まり作りが盛んだった。
手まりのようにまるまると、丈夫で健やかに育つように、との願いが込められている。

町自慢	風車

風の力で羽根車を回し、軸の回転を動力として利用する。灌漑・排水、製粉や発電など、風車は様々な形で活用されてきた。

昭和63年、琵琶湖岸の菅沼を浄化する水車の発電装置として、6枚羽のジャンボ風車が作られた。その後2基のオランダ風車が追加された「しんあさひ風車村」、平成30年7月、グランピング施設がリニューアルオープン。

町自慢100選 052 風車村

滋賀県 新旭町 (現高島市)

風力発電

北海道の日本海側、留萌地方の海岸は道内屈指の強風地帯。

厄介者の強い風を利用しようと、日本で最も早くから本格的な風力発電に取り組んできた、苫前町。

北海道 苫前町

石のかざぐるま

熊本県
鹿本町
(現山鹿市)

鹿本町を見下ろす小高い丘の一本松公園に作られた、3基の大きな石のかざぐるま。
風速3m、すすきの穂が揺れる程の風で羽根がゆっくりと回る。

デ・モーレン

北海道
今金町

旧国鉄駅跡地の風車が建つ芝生のスペースは、さまざまなイベントが行われる今金町のふれあい広場。
デ・モーレンとはオランダ語で風車のこと。

大分県
山香町
(現杵築市)

甲尾山風車

昭和初期、多くの人を楽しませていた甲尾山（こおのおさん）。この山を憩いの場に復活させようと、植樹や道路整備がされ、風車が作られた。
公園の登り口は、山香牛（やまが）のオブジェが目印。

町自慢 海岸美

丹後国風土記に、「イザナギの命が天に通う為に作った梯子が倒れて、天橋立になった」と記述があるなど、天橋立は古くからの景勝地。龍が天に昇る姿に見える文殊山からの飛龍観や、傘松公園から見下ろす斜め一文字など、見る場所で景観が変わる。3.6km続く砂州には約8000本の松が茂っている。

町自慢100選 053 天橋立

京都府宮津市

股のぞき・飛龍観

高浜八穴

福井県高浜町

蛭子ヶ洞　乙女ヶ洞

リアス式海岸の若狭湾、その奥深く、海水に浸食された八か所の洞穴が高浜八穴。夏は海水浴で賑わう明鏡洞、蛭子ヶ洞や乙女ヶ洞など、個性的な洞穴が続く奇勝。

富山県
高岡市

義経岩

雨晴海岸
安宅の関(70ページ参照)を越え、奥州を目指す義経一行が俄雨にあい、雨宿りをした祠を義経岩、この海岸を雨晴海岸と呼んだ。
天気が良いと海の上に立山連峰がそびえ立つ、万葉歌人大伴家持も歌に詠んだ、絶景の地。

新潟県
山北町
(現村上市)

笹川流れ

「松島の美麗と男鹿の奇抜さとを併せ持つ」と美しい景観が讃えられた、笹川流れ。
岩の間を盛り上がるように流れる潮は10km以上も続く。

菜種島　千貫松島

鳥取県
岩美町

浦富海岸

丹後半島から鳥取砂丘まで続く山陰海岸ジオパーク。そのなかの最高の海岸美が、浦富海岸。作家志賀直哉は「松島は松島、浦富は浦富」とその美しさを松島と並び称した。
マンホール蓋のデザインは菜種島、座礁した北前船の菜種が野生化し、春になると菜の花が咲く。

町自慢

鬼

町自慢100選 054 酒呑童子

酒呑童子・鬼の交流博物館

京都府
大江町
(現福知山市)

大江山の鬼退治は、「平安時代の中ごろ、栄華を極めた藤原道長の時代、その圧政に虐げられ、大江山に籠もって生き抜こうとした鬼と呼ばれた人々。源頼光一行は毒酒を飲ませて彼らをだまし討ちにした、卑怯な侍たち」との見方もできる。鬼の頭を思わせる外観、大江町の「鬼の交流博物館」には、酒呑童子(しゅてんどうじ)は勿論、怖くてユーモラスな世界の鬼、日本の鬼が集まっている。

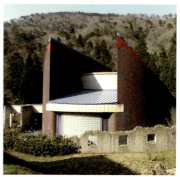

牛鬼

牛鬼は、残忍、獰猛で人を襲うといわれている妖怪。頭は鬼、胴体は牛またはその逆。
宇和島の牛鬼は全長5～6m、数十人の若者に担ぎあげられ、長い首を打ち振りながら家ごとに首を突っ込んでは悪魔を追い払う。

愛媛県宇和島市
国立民族学博物館で

親切な青鬼くん

児童文学『泣いた赤鬼』。村人と仲良くなりたい赤鬼、わざと悪さをして赤鬼に懲らしめられ、赤鬼の評判を高めてから、青鬼は旅に出た。その置手紙を見て、赤鬼はいつまでも泣き続けた。
香川県の「観光客を温かく迎える親切運動」では、お遍路の旅から戻った「親切な青鬼くん」が活躍中。

香川県

鬼とクマ

北海道登別市

登別温泉の極楽通りに鎮座する閻魔大王が、地獄の釜のふたを開けると、地獄谷から鬼が跳び出し、登別温泉のそこかしこで鬼のオブジェになった。
蓋のデザインは、クマ牧場の熊と仲良く温泉につかる、地獄谷から跳び出した鬼。

町自慢 城①

町自慢100選 055 **大阪城**

1583年、石山本願寺の跡地に、豊臣秀吉によって築かれた、五層の天守閣を持つ初代大坂城は大坂夏の陣で焼失、徳川秀忠によって再建された2代目も、落雷と、明治元年の鳥羽伏見の戦いで、殆どが消滅した。
現在の天守閣は3代目、4層までは徳川風の白壁漆喰、5層目は豊臣風の黒漆に金箔のいわば折衷型、昭和6年、市民の募金を基に建てられた。
高さ54.8m、通天閣と並ぶ大阪のランドマーク。

大阪府大阪市

大阪府岸和田市

しゃちほこ

南北朝時代、楠木正成が築かせた岸和田古城に、秀吉の紀州討伐の頃、天守閣が築かれた。
現天守閣は、昭和29年に建てられた復興天守。その鯱（しゃちほこ）がモチーフのデザイン蓋は、二の丸公園に設置されている。

福島県
白河市

震災で石垣崩壊

小峰城

戊申戦争最後の激戦が、奥羽越列藩同盟と新政府軍との、白河口の戦い。
激戦地の杉材を使って復元した小峰城三重櫓には、銃弾の痕が何か所も残る。

岡崎城

徳川家康が生まれた岡崎城。桶狭間の戦いの後、今川義元の人質から解放されてからは、この城を拠点に力を蓄えた。江戸時代には「神君出生の城」として神聖視された。

愛知県
岡崎市

中津城

大分県
中津市

黒田官兵衛が豊前国６郡の領主になった時に、築いた城が中津城。海水を堀に引き込み巧みに活かした、讃岐高松城、伊予今治城と並ぶ三大水城のひとつ。

町自慢 城②

原城

長崎県南有馬町（現南島原市）

江戸時代初期、圧政に抵抗して原城に立てこもった日本の歴史上最大の一揆、島原の乱。一揆軍総勢37000名は鎮圧され、原城は徹底的に破壊され尽くした。城址に残るのはわずかな石垣と、天草四郎の像。

岩村城

岐阜県岩村町（現恵那市）
六段壁

麓から険しい山道を800m、六層の石垣、六段壁が虎口（こぐち）の岩村城。立ち込める霧が城を覆い隠すので、別名霧ヶ城。武田信玄の侵入に抵抗した、女城主の城としても知られている。

北海道函館市

五稜郭（ごりょうかく）

五稜郭は江戸末期に築かれた、五つの稜堡（りょうほ）（大砲を撃つための突き出した土塁）を持つ、星形の西洋式城郭。榎本武揚、土方歳三らが戦った、戊辰戦争最後の戦場。

糸数城

沖縄県
玉城村
(現南城市)

沖縄では城のことを「グスク」という。14世紀の琉球王朝の時代に築かれた糸数城、サンゴが堆積してできた琉球石灰岩の、ねずみ色をした石垣だけが残っている。

熊本県
菊鹿町
(現山鹿市)

鞠智城
(きくちじょう)

663年の白村江(はくすきのえ)の戦いで大敗した天智天皇は、唐・新羅軍の来寇に備え、西日本各地に古代山城を築き、沿岸部には防人(さきもり)を配置した。
平成9年、歴史公園として整備された、菊鹿町(きくか)の古代山城鞠智城は、八角形の鼓楼(ころう)と校倉造の穀倉を持つ、いわば「日本最古」の城郭。

大和朝廷が築いた軍事施設を、城柵という。払田柵(ほったのさく)は、9世紀初めに作られた城柵で、行政施設の役割も果たしていた。
遺構の一部、南門が復元されている。

秋田県
仙北町
(現大仙市)

払田柵

町自慢
木

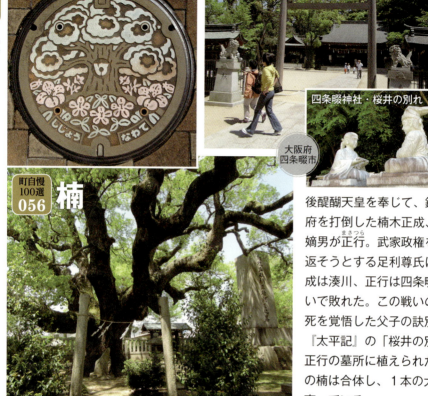

四条畷神社・桜井の別れ

大阪府
四条畷市

町自慢100選 056 楠

後醍醐天皇を奉じて、鎌倉幕府を打倒した楠木正成、その嫡男が正行。武家政権を奪い返そうとする足利尊氏に、正成は湊川、正行は四条畷の戦いで敗れた。この戦いの前、死を覚悟した父子の訣別が、『太平記』の「桜井の別れ」。正行の墓所に植えられた２本の楠は合体し、１本の大木に育っている。

天狗シデ

広島県
大朝町
(現北広島町)

枝や幹が、クネクネと曲がったイヌシデの変種、大朝町の自生群落地に天狗伝説があることから、天狗シデという。蓋の右端に天狗の顔。

柏の葉

柏の葉公園は、柏市にある都市公園。花壇や日本庭園、陸上競技場や野球場など、地域の「緑・スポーツ・文化」の拠点。

もみじ

龍田川・紅葉橋

「ちはやぶる　神代も聞かず　龍田川　からくれなゐに　水くくるとは」在原業平。
「嵐吹く　みむろの山の　もみぢ葉は　龍田の川の　錦なりけり」能因法師。
古くから紅葉の名所と和歌に詠まれてきた龍田川や三室山は、ここ三郷町の辺りのこと。

ニレ

ニレの木をアイヌ語では、「アッサム」とか「ワットサム」という。
ニレの木が茂る、日本有数の寒い土地、町の名は和寒、町の木は、ニレ。

上士幌町・ナイタイ高原牧場

メタセコイア

化石に見つかるだけ、絶滅したと思われた植物に、メタセコイアと命名したのが、三木町出身の三木茂博士。メタセコイアは、昭和20年、中国四川省で発見された。

太古の森・三木町

121

町自慢 メモリアル

昭和45年に吹田市千里丘陵で開かれた日本万国博覧会、通称大阪万博、EXPO'70。テーマは「人類の進歩と調和」、テーマソングは「世界の国からこんにちは」、入場者6400万人。

会場の中心にはお祭り広場、その大屋根を突き破ってそそり立つのが岡本太郎作、高さ70mの太陽の塔、両手を広げ来場者を迎えていた。

大阪府吹田市

町自慢100選 057 太陽の塔

会場模型

万博

大阪府吹田市

大阪万博会場内の蓋に表示された万博マーク。「鉄アレイ」に●印の原案が、直前に変更された。

オリンピック

長野県長野市

札幌オリンピックから24年後の平成10年、長野市とその周辺都市で行われた冬季オリンピック大会。

花博

大阪府大阪市

平成2年の「国際花と緑の博覧会」、略称花の万博、大阪花博。テーマは自然と人間の共生。

家康入城

静岡県静岡市

徳川秀忠に将軍職を譲ってから没するまでの、家康の居城が駿府城。
「徳川家康公顕彰四百年記念事業」のひとつとして作られた、消火栓マンホールの蓋。

アジア大会

広島県広島市

平成6年、広島市で開かれた、第12回アジア競技大会。テーマは「平和と調和」、聖火には「アジアの火」に平和公園の「平和の火」も集火された。イメージマスコットは、平和の象徴のハトを擬人化した「ポッポ」と「クック」。

狭山池

大阪府大阪狭山市

雨の少ない瀬戸内式気候の河内地方には、ため池が多い。狭山池は、1400年前の聖徳太子の時代に造られたといわれる、日本最古のダム式ため池。

町自慢 **子午線**

兵庫県西脇市

町自慢100選 058 **日本のへそ**

新へそ

旧へそ

東経135度・北緯35度は、日本の中心、日本のへそ。昭和58年西脇市は、経緯度交差点を示す石の標柱がある岡之山公園を「日本へそ公園」と改称、テラ・ドーム（にしわき経緯度地球科学館）や美術館など、公園整備を行った。
平成2年のGPS測量で、標柱は北北西に437.6mもズレていることが分かった。西脇市は平成6年、フランス人建築家がデザインした新しいモニュメントを丘の斜面に設置、これを「平成のへそ」と呼んでいる。
日本へそ公園の最寄駅は、JR加古川線の日本へそ公園駅。蓋の真ん中から顔を出しているのは、へそ鳥。

日本へそ公園駅

テラ・ドーム

岡之山美術館

京都府
網野町
(現京丹後市)

子午線塔

東経135度00分・北緯35度41分、日本海を望む、日本の最北にある子午線塔。
高さは5.5m、日本標準時とグリニッジ標準時をデジタル表示している。

子午線標柱

子午線標柱は、東経135度00分・北緯35度19分。JR山陰本線下夜久野駅の北側、旧町役場前に、子午線標柱が建てられていた。

京都府
夜久野町
(現福知山市)

兵庫県
明石市

天文科学館

北極と南極を結ぶ経線を、十二支での方角、子(北)と午(南)から子午線と呼び、日本のほぼ中央を通る東経135度は、標準時の基準となるので「日本標準時子午線」という。
昭和35年、明石市人丸町の東経135度00分・北緯34度38分に、日本標準子午線標柱の役目を持たせた、明石市立天文科学館が建てられた。

町自慢 松

町自慢100選 059 相生の松

世阿弥の書いた能の傑作「高砂」。高砂の浦に現れた老夫婦（実は高砂の松の精と住吉の松の精）が、離れていても共に生き（相生）共に老い（相老）ていく、夫婦の仲睦まじさを説くめでたい能の作品、結婚式でよく謡われていた。

相生の松とは黒松と赤松が同じ根から生えている松のこと。この能の舞台の高砂神社には、イザナギとイザナミの2神の霊が宿る「相生の松」が、千数百年以上も前に境内に生えたという社伝が残る。

昭和12年に枯れ死した3代目、境内には黒松と赤松が仲良く寄り添う、5代目の相生の松がある。

兵庫県
高砂市

3代目　　5代目

香川県
国分寺町
(現高松市)

盆栽の松

木を鉢に植えて大事に育て、その枝・葉・幹・根張りなどを愉しむのが盆栽。
盆栽といえば松、黒松・赤松・五葉松・錦松など種類も多い。国分寺町の特産は松の盆栽。

根上松

安宅の関（70ページ参照）で義経を打擲した弁慶が、泣きながら謝った「弁慶謝罪の地」、そのあと立ち寄った「根上がりの松」。『義経記』に登場する、根上町。

石川県
根上町
(現能美市)

滋賀県
甲西町
(現湖南市)

美し松

地上から約60cmのところで、幹が放射状に別れる美し松は、赤松の変種。
美松山の南西斜面に、約200本の美し松が群生。

静岡県
舞阪町
(現浜松市)

東海道松並木

江戸時代に入り整備された東海道などの松並木、今でも数か所に当時の松並木が残っている。
舞阪町の松は約350本、江戸の面影を醸し出している。

町自慢 **現存天守**

江戸時代、およびそれ以前に建てられ今も残る天守を現存天守といい、今ではわずか12城。そのうち国宝指定の城は、姫路、彦根、松本、犬山、松江の５城。現存天守12のうち、姫路、彦根、犬山の国宝３城と、丸亀、備中松山、高知の３城が、蓋にデザインされている。それらの代表が姫路城、白漆喰に塗られた姿が、羽根を広げた白鷺に似ていることから、別名白鷺城。５層６階の大天守と３つの小天守が渡り櫓でつながる、連立式天守閣は他に類を見ない美しさ。
1611年の大改築以降、戦火や火災に一度も遭わなかったため、日本の城のなかで、建築当時の姿を見ることができる、唯一の城。

町自慢100選 060 姫路城

兵庫県姫路市

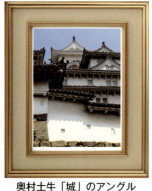
奥村土牛「城」のアングル

彦根城

滋賀県彦根市

1606年の天守完成から幕末まで、彦根35万石、井伊氏が居城した国宝の彦根城。
明治政府の廃城令により、廃城の危機に見舞われたが、北陸巡幸を終えて通りかかった明治天皇の天命で、天守が保存されたという逸話が残る。

山麓から山頂まで4層に重なった石垣、高さは60mで日本一、上にいくほど反りが強くなる「扇の勾配」が美しい、丸亀城。
蓋のデザインは、金比羅参りのみやげ用に作られたうちわと、三層の現存天守。

香川県
丸亀市

丸亀城

備中松山城

岡山県
高梁市

標高430mの臥牛山に建つ備中松山城。岩村城（118ページ参照）、大和高取城と並ぶ三大山城のひとつ、麓から天守までは急坂を歩いて約1500m。
江戸時代に建てられた2層2階の天守や2重櫓、大手門跡の高石垣など見所は多い。

愛知県
犬山市

犬山城

複合式望楼、3層4階の天守が木曽川沿いの丘に立つ、国宝犬山城。1537年、室町時代末に建てられた、最も古い現存天守。
明治の廃城令で廃城となったが、明治28年、旧犬山藩主成瀬氏に譲渡され、維持された。

町自慢 出土品

町自慢100選 061 三角縁神獣鏡

奈良県天理市

三角縁神獣鏡（さんかくぶちしんじゅうきょう）とは、断面が三角形の外縁を持ち、神像と霊獣とが裏面に浮き彫りされている鏡。女王卑弥呼に銅鏡百枚を下賜したとの、魏志倭人伝の記述から、邪馬台国の場所を探る手がかりとして、発掘が話題になる。

平成9年、天理市の黒塚古墳から、神獣鏡34面が、副葬当時の姿で発掘された。古墳に隣接する展示館には、全銅鏡のレプリカが展示され、石室も再現されている。

マンホール蓋のデザインは、神獣鏡神人龍虎画像8号鏡、径22.3㎝。

田舎館式土器

青森県田舎館村

弥生人の足跡が残る垂柳（たれやなぎ）遺跡は弥生文化の北限地。そこから発掘された土器は縄文風が色濃く残り、田舎館式土器（いなかだて）と呼ばれている。
「田んぼアート」も町自慢。

勾玉

三種の神器のひとつ、八尺瓊勾玉。玉湯町の玉作湯神社に祀られる櫛明玉命が、この勾玉を作ったとの伝承がある。玉造温泉の玉湯川沿いには、三種の神器のオブジェや、勾玉の石組みなどが点在する。

薮内佐斗司氏作
三種の神器オブジェ

島根県
玉湯町
(現松江市)

甲冑埴輪 鳥取県 羽合町 (現湯梨浜町)　**馬型埴輪** 千葉県 芝山町　**家型埴輪** 群馬県 赤堀町 (現伊勢崎市)

島根県 斐川町 (現出雲市)

銅鐸

昭和59年、一か所から358本もの銅剣が発掘された、斐川町にある、弥生時代の荒神谷遺跡。

銅剣は、銅矛16本・銅鐸6個とともに国宝に指定され、島根県立古代出雲歴史博物館で展示されている。

町自慢 寺社

7世紀ころからの古い由緒ある、多くの寺が残る斑鳩町。これらの寺のなかで、法起寺、法輪寺、法隆寺に建つ塔を総称して、斑鳩三塔と呼んでいる。
706年建立、高さ24mの国宝法起寺三重塔。落雷で焼失したが昭和50年に再建された、法輪寺の三重塔。そして法隆寺、高さ31.5mの国宝五重塔、現存する木造の五重塔では世界最古。

町自慢100選 062 斑鳩三塔

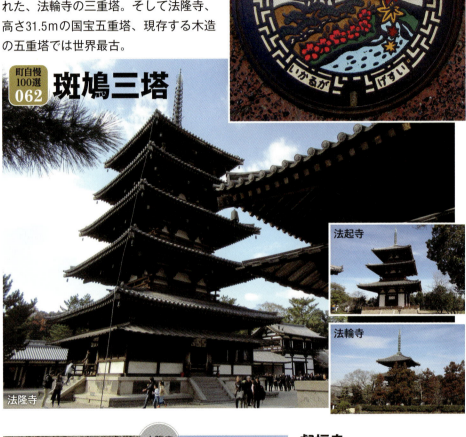

奈良県斑鳩町

法隆寺
法起寺
法輪寺

大阪府太子町

叡福寺

寺伝によれば、622年に没した聖徳太子の墓所を、724年聖武天皇が伽藍を整備し叡福寺と称したのが起源。
蓋のデザインは多宝塔と、太子が定めた十七条憲法の第一条「和を以って貴しと為す」。

三十三間堂

中央に千手観音坐像、その両側に各500体、後ろに1体の千手観音立像が並ぶ、蓮華王院本堂。その建物の長さから、三十三間堂と呼ばれている。専用蓋は境内に。

白山神社

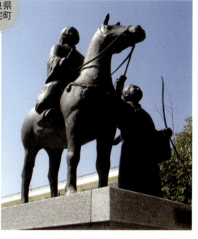

聖徳太子が通った法隆寺と飛鳥を結ぶ「太子道」。この道が通る三宅町の神社には、太子の逸話が多く残っている。
白山神社にも、太子が休憩した「腰掛け石」があり、愛馬黒駒に跨る太子像が作られている。

高千穂神社

天孫降臨の地（206ページ参照）高千穂、この地にある八十八社の総鎮守が、高千穂神社。創建は約1900年前、『続日本紀』にも登場。近くには、天照大神が隠れたといわれる洞窟がご神体の、天岩戸神社がある。

町自慢

岩

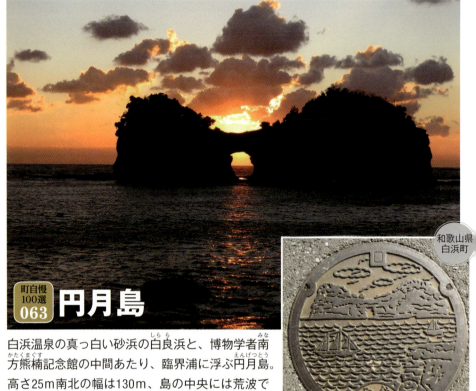

町自慢100選 063 円月島

和歌山県
白浜町

白浜温泉の真っ白い砂浜の白良浜と、博物学者南方熊楠記念館の中間あたり、臨界浦に浮ぶ円月島。高さ25m南北の幅は130m、島の中央には荒波で削り取られた満月に似た丸い洞穴、夕日が美しい南紀白浜の代表的景勝地。

瞰望岩

北海道
遠軽町

地上約78mの高さに突き出した火山性凝灰岩の塊が、瞰望岩。遠軽のどこからでも見え、遠軽のどこでも見える、瞰望岩。

鯖くさらかし岩

未完成のモアイ像（24ページ参照）に似た大きな2つの岩、頭が落ちそうなので待っているうち、魚の行商人は運んでいた鯖を腐らせてしまった。時津町の鯖くさらかし岩、またの名を継石坊主。

烏帽子岩

茅ヶ崎市の沖合1200mの岩礁群のなかに突き出た、高さ20mの烏帽子岩。
平安時代に始まった貴族が被る縦長の帽子、烏帽子がその名の由来。

とかげ岩

地中の溶岩の塊が隆起し、その表面の岩が削り取られ、崖をよじ登るとかげ岩が現れた。
とかげの体長は約26mだが、地震・風化により徐々に小さくなっている。

夫婦岩

2つの岩が、夫婦寄り添うように並んでいる岩は夫婦岩と呼ばれ、日本各地に点在する。
同じ大きさで仲睦まじい男女同権の夫婦岩は、夜須が唯ひとつ。

町自慢 くじら

町自慢100選 064 くじら

和歌山県 太地町

太地町はくじらの町、鯨を網に追い込む古式捕鯨発祥の地、遠洋捕鯨船の基地や、鯨の加工処理場として賑わっていた。

捕鯨に風当たりが強くなってからは、くじらをテーマにした観光事業で振興をはかる太地町、オブジェや噴水など町内はくじら一色。「くじらの博物館」最大の見物は、くじらのパフォーマンス、小型くじらがジャンプを繰り返す。

くじらのジャンプ

くじらの博物館

江戸時代、青海島の通浦では、日本海を南下するくじらを狙って「鯨組」を組織し、捕鯨を盛んに行っていた。
屋根の上に鯨が泳ぐくじら資料館や、鯨を弔った墓もある。

山口県長門市

くじら

ざとうくじら

沖縄県座間味村

毎年1月から3月、座間味の海で出産する、ざとうくじら。
山の上の展望台から、鯨の潮吹きを見つけて出航。座間味のホエールウオッチングは、親子鯨との遭遇確率が高い。

にたりくじら

高知県高知市

高知も昔から捕鯨の盛んな土地、江戸時代には、紀州に倣った「土佐の網取り法」で、土佐湾を回遊する、にたりくじらを捕獲していた。
おらんくの池にゃ　潮吹く魚が　泳ぎよる、「南国土佐を後にして」は、太平洋戦争の時、土佐出身の兵士達（通称鯨部隊）が中国戦線で歌った歌が原曲。平成24年はりまや橋の袂に、歌が流れ鯨が潮を吹くオブジェが作られた。

町自慢 漫画

漫画家水木しげる氏の故郷、境港市。境港駅から水木しげる記念館に続く水木しげるロードは、鬼太郎やねずみ男、妖怪たちのブロンズ像、妖怪神社や妖怪ポストもある妖怪ワールド。
一反木綿に乗った、鬼太郎と目玉おやじのマンホール蓋と、鬼太郎はじめ猫娘や砂かけ婆などの、カラーハンドホール蓋も。

町自慢100選 065 ゲゲゲの鬼太郎

鳥取県 境港市

ちびまる子ちゃん

静岡県 静岡市

人気アニメ「ちびまる子ちゃん」の原作者、静岡市清水区出身の漫画家さくらももこさんが、平成30年8月に亡くなった。その直前、静岡市に設置を提案し寄贈した、ちびまる子ちゃんのマンホール蓋。

アンパンマン

赤ちゃんが最初に覚えるキャラクターはアンパンマン。作者のやなせたかし氏が育った香北町のアンパンマンミュージアムには、バイキンマン・ドキンチャンなど漫画の人気者がいっぱい。

高知県香北町（現香美市）

名探偵コナン

たったひとつの真実見抜く、見た目は子供、頭脳は大人、その名は名探偵コナン！
作者青山剛昌氏が生まれた大栄町、JR由良駅からコナン大橋、道の駅「大栄」までは、コナンのフィギュアやブロンズ像の「コナンロード」。

鳥取県大栄町（現北栄町）

町自慢 水車

天の真名井とは、天孫降臨（206ページ参照）のとき、水の無かったこの世界に水をもたらした湧水。淀江町高井谷に湧き出る名水は、最上級の水という意味で、天の真名井と名付けられている。

マンホール蓋のデザインは、この名水で回る水車。「名水と石馬の里　よどえ」、石馬とは石で作られた馬の埴輪、石馬谷古墳の墳丘に置かれていた。

町自慢100選 066 天の真名井

鳥取県淀江町（現米子市）

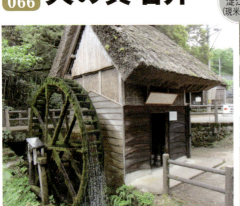

天の真名井

石馬・天神垣神社

水車の里

佐賀県神埼町（現神埼市）

明治の中頃、神埼町には約60基の水車があり、灌漑以外にも、精米・製粉に使われていた。380年も前から始まった、水車で挽いた小麦を使う「神埼そうめん」が特産品。水車の里では、水車8基、水車小屋2棟が復元され、製粉と精米が行われている。

三連水車

福岡県朝倉町（現朝倉市）

江戸時代の大干ばつのとき、筑後川から取水する堀川用水が作られ、この用水の水面より高い北側の水田に揚水するため、三連水車が開発された。今でも、13.5haの水田を灌漑している。

東北新幹線くりこま高原駅前の、志波姫大水車は高さが10m。
水車が最も多かった昭和初期の台数は約10万台。これらの水車の代表として、10mの大水車が作られた。

宮城県志波姫町（現栗原市）

大水車

熊本県湯前町

親子水車

湯前町の親子水車、通称「みどりのコットンくん」、大きい方の水車は直径14.1m、小さい方は5m。
平成5年にできた当時は、世界一の大きさだった。

滋賀県能登川町（現東近江市）

水車公園

能登川の水車の歴史は古く、7世紀前半に朝鮮半島から伝わったといわれ、多い時には30基以上の水車が、灌漑等に利用されていた。琵琶湖の東岸、「能登川水車とカヌーランド」では、直径13mの大水車が回っている。

町自慢

武家屋敷

松江城の内堀に沿った塩見縄手に、当時の姿が保存されている、江戸時代初期に建てられた70坪、16部屋の武家屋敷。松江藩の中級武士が屋敷変えで入れ替わり暮らしていた。蓋のデザインは、武家屋敷の長屋門、長屋門とは中間(ちゅうげん)の住、居、道路側には物見窓もある。

島根県 松江市

町自慢100選 067

長屋門

国宝・松江城

澤将監の館

新潟県 中之口村 (現新潟市)

甲斐武田家の家臣澤(さわ)将監(しょうげん)、武田家滅亡後は上杉氏を頼り、新田開発に力を注いだ、石高5000石の大庄屋。平成6年、往時の姿で再建された澤将監の館。

義景館

福井県福井市

復元町並み

室町時代後期、越前を支配した朝倉氏。蓋には、第11代当主、義景が住んだ館の跡に建てられた唐門と「ゆめまる君」。

山口県萩市

土塀と夏みかん

関ケ原の戦いに敗れた毛利家の下級武士は、生活のため、広い武家屋敷の庭に夏みかんを植えた。
土塀と特産物の夏みかんが、蓋のデザインモチーフ。

武家屋敷群

鹿児島県知覧町(現南九州市)

防衛の為、武士団を分散した薩摩藩。知覧(ちらん)の武家屋敷群は石垣と生垣の道を歩いて、7つの庭園を巡る。茶畑や畜舎、デザイン要素の各々に意味を持たせた理屈っぽい蓋、矢印左下の3つの四角が武家屋敷群。

町自慢 踊り

あらエッサくん

島根県安来市

町自慢100選 068 どじょうすくい

「出雲名物　荷物にならぬ　聞いてお帰り　安来節　あらエッサッサー」。安来と出雲の名所と名物を、七・七・七・五調で切々と謡う安来節。これに合わせて踊るのがどじょうすくい、ひょっとこお面に笊と魚篭、ひょうきんに体をくねらせ笑いを誘う。

安来市のイメージキャラクター「あらエッサくん」はいつまでたっても小学３年生、安来市演芸館では唄と踊りの見学や、踊り体験ができる。

踊り体験

エイサー

沖縄県沖縄市

三線の音に合わせて太鼓をたたき、エイサー・エイサーと囃しながら、ひねる、跳ぶ、しゃがむなど身体を激しく動かして踊る。エイサーは、沖縄全域に伝わる、祖先の霊を送迎するための盆踊り。沖縄市の蓋のデザインは、エイ坊とサーちゃん。

キンニャモニャ

キン（金）もニャ（女）も大好きだが、実はモニャ（文無し）。民謡「キンニャモニャ節」に合わせ、両手に持ったしゃもじをを振ったり、叩いたり、海士町（あま）に伝わる愉快な踊り。

島根県
海士町

熊本県
山鹿市

灯籠踊り

和紙と少しの糊だけで作る和紙工芸の極致、山鹿の金灯籠（かな）。金灯籠を頭に載せて、ゆったりと優雅に踊る山鹿灯籠踊り。

三原やっさ

三原城を築いた時、「ヤッサヤッサ」の掛け声で領民が祝い踊ったのが踊りの起源。三原やっさは足で踊る、思い思いに自由に踊る。蓋には、三原市のPRキャラクター、ミハリンとタコ爺。

広島県
三原市

宮崎県
西都市

下水流臼太鼓踊り

高さ3mの大きなのぼりを背中に差して、白い房をくるくる回し、臼のような大太鼓をたたきながら、踊り回る。西都市の下水流臼太鼓踊り（しもずる うすだいこ）。

145

町自慢 一本桜

町自慢100選 069 醍醐桜

岡山県 落合町 現真庭市

日本の春は桜、吉野や高遠などの桜の名所と、三春滝桜や神代桜などの桜の名木、いわゆる一本桜。デザインモチーフが一本桜のマンホール蓋、その代表が醍醐桜。

1332年、鎌倉幕府の倒幕に失敗した後醍醐天皇は、隠岐の島に流された。移送の途中、眺め賞賛したのがこの桜の大樹、のちに「醍醐桜」と呼ばれるようになった。

麓から2kmほど登っていった、のどかな丘に一本だけそそり立つアズマヒガンザクラ。樹齢1000年、樹高18m、幹回り9m、枝張り20m。

ひょうたん桜

高知県 吾川村 (現仁淀川町)

樹高21m、樹齢500年のウバヒガンザクラの古木。つぼみの形がひょうたんに似ているので「ひょうたん桜」、正式名は大藪のひがん桜。

岐阜県 宮村 (現高山市)

臥龍桜

垂れて土に埋まった枝から根が出て、もう一本の桜の木になった。樹齢1100年を超えるエドヒガンザクラ、大幢寺の大桜。横に連なった二本の桜は、龍が臥せているように見えることから、臥龍桜と名付けられた。

岐阜県 根尾村 (現本巣市)

淡墨桜

満開のときは白、散り際には淡い墨色に見えることから淡墨桜、樹齢1500年以上、継体天皇お手植えの伝承がある、エドヒガンザクラ。樹勢が衰えた昭和24年、山桜の若根を接いで回生、大正12年に植えた淡墨2世も大木に育つ。

左後方が2世

町自慢 **むかし話**

岡山県
岡山市

町自慢100選
070 **桃太郎**

総社市・鬼ノ城角楼

桃から生まれた桃太郎が、犬・猿・雉をお供につれて鬼が島へ鬼退治。
桃太郎のモデルは吉備津彦命、吉備の統治者温羅が立てこもる古代山城、鬼ノ城を攻めたてた。桃太郎の鬼退治は、大和政権の吉備国平定が下敷き。

ＪＲ岡山駅前

吉備津彦神社

香川県
詫間町
(現三豊市)

浦島太郎

『日本書紀』、『風土記』や『御伽草子』に書かれたタイムスリップ物語、浦島伝説は日本各地に残る。
詫間町もそのひとつ、亀を助けた海辺や玉手箱を開けた所など、太郎の足跡が残っている。

神奈川県
南足柄市

小山町・金時神社

金太郎

南足柄市の隣町、小山町の金時神社の社伝では、大江山の酒呑童子（114ページ参照）を退治した源頼光の四天王のひとりが坂田金時、幼名は金太郎。南足柄市には、金太郎の生家跡地や体を鍛えた力石などが残る。

町自慢 焼き物

町自慢100選 071 備前焼

岡山県備前市

釉薬（うわぐすり）を使わず堅く焼き締められる備前焼は、六古窯のなかでも最も古い。飾り気のない素朴な味わいが茶の湯の境地と相通じ、室町から桃山時代にかけて人気が高まった。その堅牢な材質を生かして狛犬などが作られるが、金刀比羅宮参道に寄進された狛犬は、高さ5尺にも及ぶ。

狛犬・金刀比羅宮

沖縄県那覇市

荒焼：壺屋焼物博物館

上焼：やちむん通り

壺屋焼

17世紀末の琉球王朝の時代に創設された、壺屋焼。シーサーや水甕など、釉薬を使わずに焼き締めた荒焼と、金城次郎氏の作品に代表される、絵付け、彫刻をした上焼とに分けられる。那覇市の壺屋やちむん（焼き物）通りには、窯元や工房、店舗が連なっている。

七宝焼

愛知県七宝町（現あま市）

七宝焼の装飾壁・アートヴィレッジ

金属の表面にガラス質の釉薬を高温で焼き付ける、鍋などの実用品を琺瑯といい、アクセサリーや絵皿などの工芸品を七宝焼という。英語では総称してエナメル。

江戸末期、飛躍的に技術が高まった尾張地方は七宝焼の中心地。あま市七宝焼アートヴィレッジでは、作品鑑賞や制作体験ができる。

砥部焼
愛媛県砥部町

多治見焼
岐阜県多治見市

益子焼
栃木県益子町

伊万里焼
佐賀県伊万里市

伊万里駅前

有田を中心とする肥前国で焼かれた磁器（高温で焼くので、薄くて固い）は伊万里港から積み出され、このことから、この地域で作られた焼き物は全て、伊万里焼と呼ばれた。

蓋のデザインは、伊万里焼積み出し船。

町自慢 町並み

広島県
東広島市

町自慢100選 072 酒蔵通り

清らかな水と良質な酒米に恵まれ、蔵付き酵母が育つ安芸西条は、灘・伏見と並ぶ酒処。白牡丹・賀茂泉・賀茂鶴・亀齢など、銘酒の蔵元が並ぶ酒蔵通りには、赤レンガの煙突、ぶ厚い白壁とナマコ壁、代々守り伝えてきた清水が湧く井戸を持つ酒蔵が続く。

白壁の町並み

山口県
柳井市

室町時代から続く古市金谷地区の建物は、間口は狭いが奥行きは深い。
うなぎの寝床のような商家造りの、白壁と格子窓が続く。軒下には金魚提灯。

徳島県 脇町 (現美馬市)

うだつの町並み

脇城の城下町、吉野川水運の中心地として栄えた脇町。出格子や虫籠窓、白い漆喰で塗り固められた卯建の町並み。

センターサウス通り

三宮センター街は神戸市最大の繁華街、その一筋南の通りがセンターサウス通り。
レストランやファッション雑貨、レトロな店やモダンな店が並ぶ。

兵庫県 神戸市

北海道 小樽市

運河通り

大正時代、船から直接荷揚げをするため運河と岸壁が作られ、周りに石造りの倉庫が建てられた。
港に埠頭が整備されてからは、荷揚場としての役目は終わったが、残った倉庫群とガス燈の運河通りは、人気の観光スポットになっている。

町自慢 シンボル

広島県 広島市

鶴を千羽折ると病気が回復するという言い伝えを信じて、鶴を折り続けたひとりの被爆少女が亡くなり、その時から千羽鶴は病気快癒と、平和を願うシンボルとなった。昭和33年、この少女をモデルにした原爆の子の像が平和公園に加えられ、千羽鶴がこの像の周りに捧げられるようになった。
広島市のマンホールの蓋は、平和のシンボル千羽鶴、世界平和を強く訴えている。

平和公園の千羽鶴

町自慢100選 073 千羽鶴

はと

陸地を示すオリーブを咥えて、ノアの方舟に戻ってきた白い鳩。以来鳩はオリーブとともに平和のシンボルとなった。
甲奴町（こうぬちょう）のマンホール蓋には、愛と平和と白い鳩。

広島県 甲奴町 (現三次市)

フェニックス

東洋版フェニックス・平等院鳳凰堂

福井県
福井市

福井地震

空襲・地震・洪水と3度にわたる大打撃を受けた福井市は、不死鳥のまちを宣言した。
蓋のデザインは炎のなかから復活する不死鳥、フェニックス。

リュバンベールの鐘

リュバンベールとは、フランス語で緑のリボン、心と心を結ぶ愛のリボン。
直径2m、大きな2つのスイングベルは、愛のシンボル「リュバンベールの鐘」。

岡山県
東粟倉村
(現美作市)

沖縄県
大宜味村

ぶながや

平和と自然を愛し川底から時おり姿を見せる、不思議な生き物「ぶながや」は、かって沖縄全域に棲んでいたが、今では大宜味村だけになった。
大宜味村は平和で豊かな村作りに、平和のシンボルぶながやと共に取り組むことを宣言した。

町自慢 **温泉の発見**

町自慢100選 074 **狐と温泉**

山口県 山口市

権現山の麓の寺の小さな池に、毎晩やってきた白狐、和尚が水を掬うと温かい。池を掘るとお湯が湧きだし、薬師如来の金の像が現れた。
この温泉発見の伝説や狐の家族、山頭火(さんとうか)や中原中也に因んだ蓋などが30数種類、日本一のカラーデザイン蓋スポットだったが、最近、七夕ちょうちん(63ページ参照)の蓋に変更されつつある。

狸と温泉

猟師に撃たれた狸が隠れていた草むらを探すと、傷を癒していた温泉が湧いていた。西粟倉村のあわくら温泉に残っている、古くからの言い伝え。
西粟倉村は、下水道整備100%の村。

岡山県
西粟倉村

長野県
丸子町
(現上田市)

鹿と温泉

江戸時代から湯治場として栄えた、信州鹿教湯(かけゆ)温泉。鹿に姿を変えた文殊菩薩が、信心深い猟師に教えたと伝えられている。
蓋には湯煙りの中でくつろぐ鹿の家族。

山中温泉・こおろぎ橋

石川県
山中町
(現加賀市)

白鷺と温泉

道後温泉をはじめ、白鷺伝説を持つ温泉は日本各地に散らばっている。
地震でお湯が止まった時、飛騨川の河原に舞い降りた白鷺が教えた下呂温泉や、傷を癒した白鷺が飛び立った跡に、薬師如来と温泉が見つかった山中温泉などに、白鷺が温泉を発見した言い伝えが残る。

岐阜県
下呂市

町自慢
鳥

カッタ君は昭和60年、日本初の人工ふ化で誕生したモモイロペリカン。約800m離れた明光幼稚園に舞い降りたとき、鏡に映った自分を仲間と勘違いしたのがきっかけで、幼稚園通いを始めた。子供たちとかけっこをしたり、ピアノに合わせて歌ったり。宇部市民の人気者となった。（産経ニュースより抜粋）
玄関にはカッタ君のフィギュア、明光幼稚園は、いまでも「カッタ君の幼稚園」として親しまれている。

山口県 宇部市
写真提供・ときわ公園
明光幼稚園

町自慢100選 075 **カッタ君**

あかしょうびん　沖縄県石垣市
かわせみ　栃木県馬頭町（現那珂川市）
やませみ　石川県柳田村（現能登町）

町自慢 渦潮

太平洋側の紀伊水道と瀬戸内海側の播磨灘の水位差は、最高の時で約２ｍ。幅が1.3kmの狭い鳴門海峡を目がけて、海水が流れ込む。海水は時速20kmもの潮流になって、複雑な海底の岩にぶつかり、直径30mにも及ぶ巨大な渦を巻く。世界最大の大きさ、鳴門の渦潮。

町自慢100選 076 **鳴門海峡**

徳島県鳴門市

兵庫県南淡町（現南あわじ市）

鳴門海峡
南淡町(なんだん)福良漁港から出航する、淡路島側からの渦潮観光。咸臨丸を復元した観潮船で、鳴門の渦潮までは約20分のクルージング。

大鳴門歩道橋・渦の道

観潮船・咸臨丸

来島海峡

瀬戸内海にある町で、鳴門海峡以外に、マンホールの蓋に渦潮が描かれているのは、2枚だけ。ひとつは吉海町、しまなみ海道の来島海峡大橋の下の渦潮。もうひとつは大畠町、大島瀬戸を跨いで周防大島に渡る、大畠大橋の下の渦潮。

大島瀬戸

針尾瀬戸

西海橋は、昭和30年の建造当時東洋一、支間216mのアーチ橋。橋が跨ぐ針尾瀬戸の幅は約170m、潮流が速く渦潮が発生する。

町自慢 伝説

江戸時代末にあったと伝わる、阿波の狸合戦。
小松島の金長狸と、四国の総大将、悪賢い六右衛門狸との、家来たちも巻き込んだ三日三晩の壮絶な総力戦、戦に勝った金長狸も絶命した。
映画「阿波狸合戦」大ヒットのお礼で創建された金長大明神、金長まんじゅうやたぬき広場の巨大な狸像、金長狸は今でもみんなに親しまれている。

徳島県 小松島市

町自慢100選 077 金長狸

分福茶釜

群馬県 館林市

茶釜から、狸が手を出し足を出し、傘を回して綱渡り。大当たりの見世物は、罠から助けてもらった狸の恩返し。
これが「分福茶釜」の言い伝え、茂林寺にはこの茶釜が残っている。

追い出し猫

近隣を荒す大鼠を、仲間を集めて追い出した和尚の飼い猫、西福寺に伝わる400年前の話。この伝説をもとに、町の特産品委員会が考えた縁起物が、正面は災い退散、後ろ姿は笑顔で招福の、追い出し猫グッズ。

福岡県宮若市

「みそ五郎まつり」写真提供・南島原市

長崎県西有家町（現南島原市）

みそ五郎どん

昔むかし、人が良く力が強い大きな男が、高岩山に住んでいた。山を切り開いたり嵐から舟を救ったり、毎日4斗も味噌を舐めるので、村人は「みそ五郎どん」と呼んだ。

境港市・水木しげるロード（138ページ参照）

北海道足寄町

コロポックル

フキの葉の下には、コロポックルという小人が住んでいる、というアイヌの伝説。蓋にはフキの傘をさしたコロポックル、足寄町のPRキャラクターのアユミちゃん。足寄町の螺湾川に沿って自生するラワンブキは、高さ3mもある巨大フキ。

町自慢 戦い

栄華を極めた平氏、源氏との戦いに敗れ没落していく平氏、一族を描いた『平家物語』の巻第十一には、那須与一が登場。1185年3月、屋島での戦いが一時休戦となった夕刻、平家軍から小舟が一艘現れ、竿の先につけた扇を射止めろと挑発した。

射手に命じられたのが那須与一、「祈り岩」で神明に祈願し「駒立岩」まで馬を進めた与一は、鏑矢（かぶらや）を引き絞って放ち、扇の的を見事に射落とした。
"むれ源平石あかりロード"には、義経の弓流しや平景清の鐙引（しころ）きなど、屋島の戦いの名場面の跡が残る

香川県 高松市

駒立岩

祈り岩

町自慢100選 078 **屋島**

倶利伽羅峠（くりから）

富山県 小矢部市

挙兵した源頼朝に呼応した源（木曾）義仲。
倶利伽羅峠の戦いで、角に松明を付けた牛を先頭に攻め、平家軍を撃ち破った。蓋には、『源平盛衰記』で語られた「火牛の計」。

桶狭間

名古屋市緑区・桶狭間古戦場公園

愛知県豊明市

1560年、尾張に押し寄せた東海の雄、今川義元の25000の大軍、織田信長の3000の軍勢は、雷鳴のなか本陣を急襲し義元を打ち取った。
合戦史上最も華々しい逆転劇、桶狭間の戦い。

姉川

滋賀県浅井町（現長浜市）

織田信長の妹、お市を娶(めと)った浅井長政。越前の朝倉義景との信義を重視し、信長と対立した。
金ヶ崎の合戦では、背後を突き信長を追い詰めたが、姉川の戦いで敗れ去った。

浅井長政ファミリー

岐阜県関ケ原町

関ケ原

1600年の関ケ原の戦い、笹尾山の石田三成軍と桃配山の徳川家康軍が対峙。総勢16万人の天下分け目の戦いは、わずか半日で家康軍が勝利した。

関ケ原

島津の退き口(のぐち)。関ケ原の戦いで徳川軍のなかで孤立した、島津義弘隊は中央突破を敢行、薩摩まで奇跡的に生還した。
義弘の菩提寺がある伊集院町の蓋は、激戦を偲んで、兜(かぶと)が一頭。

鹿児島県伊集院町（現日置市）

町自慢 ダム

多連式アーチの石積堰堤を持つ豊稔池ダムは、雨の少ない讃岐地方の旱魃対策として昭和5年に完成した。田植えの頃に行う、壁柱に開けた四角い放水口からの放流（ユルヌキ）は初夏の風物詩。蓋には、お遍路最大の難所、海抜1000mの第66番札所、雲辺寺を往復するロープウェイも。

香川県 大野原町（現観音寺市）

多連式アーチ

町自慢100選 079 豊稔池ダム

満濃池

香川県 満濃町（現まんのう町）

8世紀初めに築かれ、決壊と復旧の歴史を持つ満濃池、9世紀の修築では、弘法大師が築堤を設計したとされる。堤高は32m。周囲約20km、日本最大のため池。

奥只見ダム

新潟県
湯之谷村
(現魚沼市)

尾瀬沼に始まる只見川流域は豪雪地帯、豊富な水量を活用する奥只見ダムが昭和35年に竣工、貯水量は当時日本最大。巨大な人造湖は銀山湖と呼ばれ、行楽客で賑わう。湯之谷からダムへのシルバーラインはダム建設用の道路、約18kmもトンネルが続く。

佐久間ダム

静岡県
佐久間町
(現浜松市)

赤石と木曽の両山脈に挟まれた、豊富な水量と急流の天竜川は、発電に最適。
昭和31年、わずか3年4か月の工期で建造された佐久間ダム、その堤高155mは竣工当時日本一。

村山貯水池

東京都
東大和市

多摩川の水を導いて昭和2年に完成した、東京都の水源のひとつ村山貯水池、通称多摩湖。
煉瓦造りの、うすい青緑色の取水塔が美しい。

町自慢 スポーツ

毎年11月、大相撲九州場所の終了後、2日間にわたって行われる、アマチュアと幕下以下のプロ力士とが対戦する相撲大会。

始まりは江戸時代末、野村地区大火の「火鎮擁護祈願」のための奉納相撲、この日が乙亥の日だったので、乙亥大相撲と呼ばれてきた。人気力士の参加もあり、この2日間、町は相撲一色になる。

町自慢100選 080 乙亥大相撲

愛媛県野村町（現西予市）

写真提供・西予市

秋田県神岡町（現大仙市）

少年野球

明治18年、秋田医学校の教師が野球チームを作り試合を行った。神岡町は少年野球発祥の地。

兵庫県西宮市

甲子園球場

高校生球児の目標は甲子園、全国高校野球選手権大会。プロ野球阪神タイガースの本拠地。

徳島県池田町（現三好市）

さわやかイレブン

部員11人で昭和49年センバツ準優勝。町立池田高校野球部は、さわやかイレブンと呼ばれた。

ラグビー

大阪府
東大阪市

高校生ラガーの目標は花園、全国高校ラグビー大会の頂点。東大阪市の近鉄花園ラグビー場は、昭和4年に開場した日本初のラグビー専用グランド。ラグビーワールドカップ2019の会場に決定したことを契機に、ワールドカップ仕様のデザイン蓋が登場。

広島県
広島市

サンチェくん

Jリーグサンフレッチェ広島のマスコット、月の輪熊のサンチェくん。

広島県
広島市

カープ坊や

プロ野球広島東洋カープのマスコット、カープ坊や。昭和50年生まれの43歳。

新潟県
弥彦村

競輪

日本唯一、村営の公営賭博、弥彦(やひこ)競輪。雪を避け、4～11月に開催。

ペーロン競漕

兵庫県
相生市

28人の漕ぎ手が太鼓のリズムに合わせ、直線300mの往復コースで、ペーロン（白龍）艇の櫂(かい)を漕ぐ。毎年5月の最終日曜日のトーナメントの勝ち抜き戦、相生(あいおい)ペーロン競漕で暑い夏が始まる。

町自慢 牛

愛媛県 宇和島市

「二匹の牛はいずれも巨大な体躯を荒い息使いで波立たせながら、角を突き合せたままの姿で（中略）力の均衡はいつ破れるとも思われなかった。」井上靖の芥川賞受賞作『闘牛』。牛と牛との力比べが日本の闘牛、逃げ出した方が負け。江戸時代に始まった宇和島の闘牛は、明治・大正時代に最盛期を迎えたが、戦争や農業の機械化などで衰退していった。
宇和島市では、昭和50年の闘牛場の建設を契機に、地域観光への貢献や闘牛文化の保存を目的とした闘牛を行っている。

町自慢100選 081 闘牛

沖縄県 うるま市

写真提供・うるま市

闘牛

うるまとは沖縄語でサンゴ（うる）の島（ま）。安慶名闘牛場で、年間40回以上行われている沖縄闘牛の中心地、うるま市。

モーモードーム

牛突き

島根県
西郷町
(現隠岐の島町)

鎌倉時代初め、承久(じょうきゅう)の乱で敗れ隠岐に流された後鳥羽上皇。上皇を慰めるために始められたのが牛突き、これが、日本最古の闘牛。
年3回の本場所は真剣勝負だが、モーモードームで開かれる「観光牛突き」は、引き分けにて行われている。

神石牛

広島県
油木町
(現神石高原町)

前沢牛

岩手県
前沢町
(現奥州市)

ジャージー牛

岡山県
川上村
(現真庭市)

ホルスタイン牛

山梨県
高根町
(現北杜市)

町自慢 時計塔

町自慢100選 082 野良時計

高知県
安芸市

「まだ家ごとに時計がなかった頃、土地の地主であった畠中源馬は、時計に興味をもち、アメリカから八角形の掛時計をとりよせ、それを幾度も分解しては組み立てして時計の仕組みを覚え、自作の大時計を作ることを思い立った。(中略)百二十年以上もの間、時を刻み続けたこの時計は、今も周辺の人々に野良時計として親しまれている。」(現地のパネル説明より)

時の鐘

埼玉県
川越市

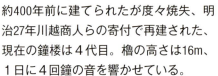

約400年前に建てられたが度々焼失、明治27年川越商人らの寄付で再建された、現在の鐘楼は4代目。櫓の高さは16m、1日に4回鐘の音を響かせている。

札幌時計台

北海道
札幌市

札幌農学校初代教頭クラーク博士の構想をもとに、明治11年、式典や兵式訓練を行う演武場が同校に建てられ、その3年後、屋根の上に塔が築かれ大時計が設置された。札幌時計台の正式名は、旧札幌農学校演武場。

奈良県
王寺町

和の鐘

聖徳太子とゆかりの深い王寺町は、和の精神を大切にしようと、「和の鐘（やわらぎ）」を建てた。

鐘の傍らには、王寺町のゆるキャラ、聖徳太子の愛犬「雪丸」のオブジェ。

辰鼓楼

兵庫県
出石町
(現豊岡市)

明治4年に建てられた、辰の刻の城主登城を知らせる太鼓をたたく楼閣に明治14年、オランダ製の大時計が取り付けられた、辰鼓楼（しんころう）。

今でも午前8時と午後1時に太鼓が、夕方には梵鐘が鳴り響く。札幌時計台と並ぶ、日本最古の時計台。

町自慢 鶏

高知県

長い尾羽、世界で一番美しい鶏といわれる長尾鶏。鶏は通常年に一度羽が生え替わるが、江戸時代に尾羽の抜けない鶏が突然生まれ、長尾鶏が誕生した。大正時代には、止箱という、鶏を閉じ込めたまま育てる飼育箱が考案され、尾はますます長くなっていった。

繁殖力と生命力の弱い長尾鶏を、南国市の「長尾鶏センター」では、止箱を使い、伝統を守り続けながら飼育している。今まで最長の尾の長さは13.5m。

町自慢100選 083 **長尾鶏**

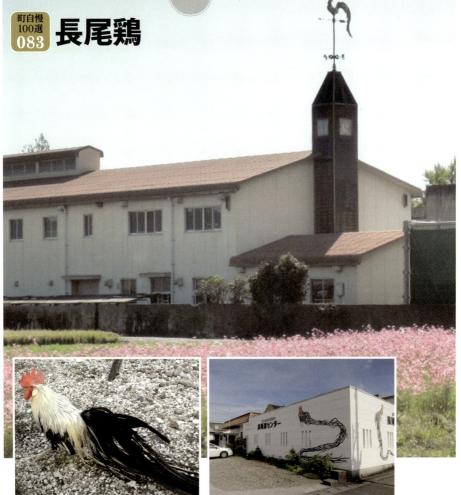

写真提供・秋田県

声良鶏
(こえよしどり)

鹿角市の声良鶏、その鳴き声は、出し・張り・引きの三つに分かれる。低くおごそかに鳴きだした声が徐々に強くなり、長い余韻を残して終わる、長いもので20秒を超える。

秋田県
鹿角市

秋田県
比内町
(現大館市)

比内鶏
(ひないどり)

縄文時代頃からといわれる比内地方の固有種、比内鶏。
これを食用に改良したのが比内地鶏、薩摩地鶏、名古屋コーチンと並ぶ日本三大地鶏のひとつ。味とこくが強い肉質で、歯ごたえがある。

小綬鶏
(こじゅけい)

茨城県
守谷市

小綬鶏はニワトリではなくキジの仲間。20世紀初めに猟鳥として放された中国原産の外来種、日本各地で繁殖し今では普通種となっている。守谷市の市の鳥。

町自慢 舟遊び

戦国時代末期に、城とその城下町が造られた柳川。干拓が進むにつれ、幾筋もの堀割りが張り巡らされ、この水路は、どんこ舟と呼ばれる小舟を使った、生活や遊びの場となっていた。
柳川が生んだ詩人北原白秋、その少年時代の映画化を契機にどんこ舟が見直され、昭和30年、観光としての「柳川の川下り」が開始された。どんこ舟でゆったり進む、柳川の川下りはお堀巡り、四季を通じた水郷柳川の観光名物。

町自慢100選 084 お堀巡り

福岡県柳川市

最上川舟下り

山形県戸沢村

最上川舟下りは「戸沢藩船番所」から「川の駅最上峡くさなぎ」までの12km、のんびりと下る約1時間の舟旅。
「五月雨を集めて早し最上川」の芭蕉の俳句は、舟下りの前には「集めて涼し」。芭蕉の舟旅は、増水の時かも？

岐阜県 美濃加茂市

日本ライン下り

木曽川の中流、岐阜県の美濃加茂市から、愛知県の犬山市までの13km。トロ場と急流を舟で下る日本ライン下りは、3月から11月の間運行されている。

大阪府 門真市

花見舟

水路を挟んで約500m続く桜並木。
桜が満開の週末には、砂子水路桜保存会が運行する田舟に乗って桜見物。乗舟料無料。

滋賀県 近江八幡市

八幡堀巡り

近江43万石の領主に任じられた豊臣秀次は、自由商業都市づくりを目指し、八幡山城(はちまん)をガードする八幡堀を琵琶湖と繋ぎ、水運を活性化した。この八幡堀を屋形舟で巡る、復元された石垣に沿って約35分間の、情緒あふれる土蔵や白壁の建物巡り。

町自慢 伝統工芸

江戸時代後期、久留米絣(くるめがすり)を誕生させたのは、農家の12歳の少女。古い藍染の斑点を調べ、「括(くく)り」で染めた糸を使った織物を作りだした。この方法を発展させ、緻密な絵柄を織り出す技法やそれを行う機械が考えられ、久留米絣は、日本を代表する綿織物になった。

洋装化で需要は激減したが、肌触り、丈夫さ、吸湿性などの綿素材の特長と、素朴で落ち着いた風合いに、久留米絣の可能性が見えている。

福岡県 久留米市

町自慢100選 085 久留米絣

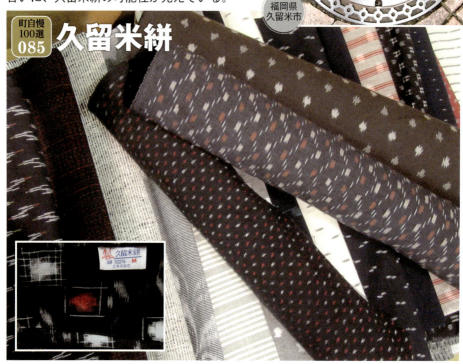

首里織り

沖縄県 那覇市

約500年前の琉球王朝の時代、中国や東南アジアに学んだ織物が、沖縄の各地で織り継がれてきた。王府の城下町で織られていた首里織りは貴族や士族向き、色・柄ともに格調が高い。

刀鍛治 岡山県 長船町 現瀬戸内市

雄勝すずり 宮城県 雄勝町 現石巻市

越前和紙 福井県 今立町 現越前市

愛知県 岩倉市

のんぼり洗い

400年以上の歴史を持つ老舗の染物屋が、大正時代末頃から鯉のぼりを作るようになった。
大寒になると五条川で、染めたあとに残った糊を落とす「のんぼり洗い」が行われる。岩倉桜まつりの時には実演ショー。

水晶印鑑 山梨県 六郷町 現市川三郷町

輪島塗 石川県 輪島市

扇子 滋賀県 安曇川町 現高島市

町自慢 梅

町自慢100選 086 飛梅

太宰府天満宮・飛梅

福岡県太宰府市

901年、九州太宰府に流され客死した菅原道真。その死後に起きた天変地異を鎮めるため、919年に道真は太宰府天満宮に天満天神として祀られ、学問の神様として信仰を集めてきた。
「東風(こち)吹かば　にほひおこせよ　梅の花　あるじなしとて　春な忘れそ」これは道真が太宰府に流されるとき、庭の梅の木に別れを惜しんで詠んだ和歌。この梅の木が、道真を慕い一夜のうちに京の都から飛来したとの伝説がある飛梅(とびうめ)、太宰府天満宮のご神木。

うめ　千葉県酒々井町

うめ　東京都府中市

うめ　長野県宮田村

枚岡神社梅林

遥かにあべのハルカス

大阪府
東大阪市

注連縄掛神事(通称お笑い神事)の枚岡神社。生駒山麓の陽当たりの良い斜面に、500本もの白梅と紅梅が程よく混じり合う。

偕楽園の梅

兼六園、後楽園と並ぶ名園、偕楽園は江戸時代の末、水戸藩主徳川斉昭によって造られた。偕楽園は梅の名所、園内には3000本の梅が植えられ、100品種もの梅が次々と花開く。

茨城県
水戸市

偕楽園

南高梅

和歌山県
南部町
(現みなべ町)

8代将軍吉宗の頃から梅の栽培が盛んな南部地方。昭和25年、「梅優良母樹種選定会」が作られ、「高田梅」が選ばれた。この選定の中心になった南部高校教諭の「南」、高田梅の「高」をとって、高田梅は南高梅と呼び名を変えた。

町自慢 珍しい魚

有明海と八代湾だけに生息する、むつごろうはハゼ科の魚、干潟に掘った巣穴で暮らし、干潮の昼間に巣穴から這い出して、泥の表面の藻を食べる。

旬は初夏、漁法は「ムツカケ」。柔らかくて脂肪が多い、新鮮なむつごろうの蒲焼きは佐賀の郷土料理。

町自慢100選 087 **むつごろう**

佐賀県佐賀市

福井県大野市

いとよ

川底に凹みを掘り、水草などでトンネル状の巣を作って、その中に卵を産む、いとよ。生息池「本願清水」の横を掘り下げて建てられた建物、「イトヨの里」ではガラス越しに、自然のままの生態を観察できる。

あじめどじょう

水のきれいな川の上流の砂地や砂礫地に棲み、藻や水垢を食べる。
味女という字の通り、どじょうの泥臭さがない美味しい魚。

岐阜県
福岡町
(現中津川市)

ちんかぶ

岐阜県
神岡町
(現飛騨市)

小柴昌俊博士と梶田隆明博士の、ノーベル賞受賞に繋がった、ニュートリノ観測装置のカミオカンデがある町、神岡町。
蓋にはちんかぶ、かじかの飛騨地方での呼び名。
見た目は悪いが美味しい出汁がとれる。

ちちくぼ

アゴの下についた吸盤状のもので、石に張り付くことができ、葦の茎でも昇れそう、ということからヨシノボリ。
ちちくぼとは、ヨシノボリのこの地方での呼び名。

兵庫県
朝来町
(現朝来市)

おやにらみ

熊本県
七城町
(現菊池市)

縄張りを守るため「親でも睨む」、オスは卵を守るので「親が睨みをきかす」、エラの端の目のような紋が「本当の目（親）を睨んでいる」など、名前には諸説がある。
闘争心が強く単独で生活する、おやにらみ。

183

町自慢　門

佐賀県武雄市

大衆浴場武雄温泉の浴場主が、温泉施設リニューアルの設計を、佐賀出身の総理大臣大隈重信を通じて依頼した先が、唐津出身の建築家、辰野金吾。当初の設計図には三基の楼門と武雄温泉新館、蒸し風呂などの、いわば温泉テーマパークが構想されていた。大正４年、竜宮城を思わせる楼門と、天平建築風の武雄温泉新館が建てられた。

辰野が設計した東京駅丸の内口八角ドームの八つの干支と、楼門の四隅の子・卯・午・酉とを合わせると、辰野の意図は不明だが、十二支が完成する。

町自慢100選 088 楼門

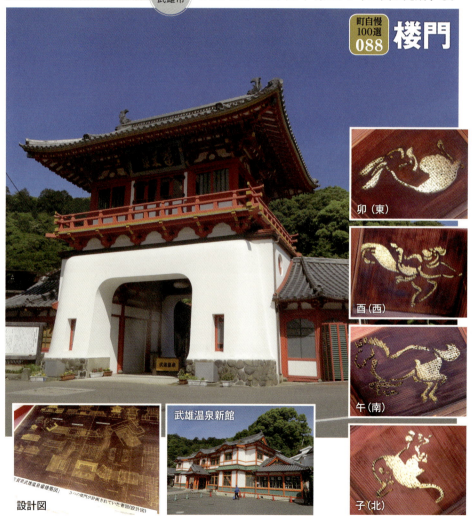

卯（東）

酉（西）

午（南）

子（北）

設計図

武雄温泉新館

学校門

奈良時代に創建されたとの説もある「日本最古の総合大学」、足利学校。
16世紀初めには、儒学・易学、医学・兵学など、学徒3000人といわれる日本最高、最大の学府となった。

栃木県
足利市

大分県
佐伯市

佐伯城櫓門

江戸時代初期の山城佐伯城、三の丸櫓門だけが現存する。佐伯に下宿した自然主義文学の先駆者、国木田独歩は「佐伯の春、先ず城山に来たり」と記した。

小諸城三の門

長野県
小諸市

小諸城が最初に築かれたのは武田信玄の時代。今も残るのは、大手門と三の門。
「小諸なる古城のほとり　雲白く遊子（旅人のこと）悲しむ」、島崎藤村の詩碑もある。

鳥取県
東郷町
(現湯梨浜町)

燕趙門

鳥取県と中国河北省との友好のしるしとして、平成7年、絶景28景の中国式庭園、燕趙園が建造された。蓋のデザインはその中のひとつ、燕趙門。

町自慢

遺跡

稲作が始まり定住文化が根付く3世紀中頃まで、約1300年間続く弥生時代。吉野ヶ里遺跡はその後半、約600年間の移り変わりを知ることのできる、40haを超す国内最大規模の遺跡。
昭和61年に発掘が始まり、柵・逆茂木・環濠などに囲まれた竪穴住居や高床住居、物見櫓や祭殿などの建物が次々と復元されている。邪馬台国は何処か、吉野ヶ里遺跡の圧倒的スケールは、まさに女王卑弥呼の邪馬台国を彷彿とさせる。

佐賀県
三田川町
現吉野ヶ里町

町自慢100選 089 吉野ヶ里遺跡

邪馬台国案内人・ひみか

奈良県
田原本町

吉見百穴

古墳時代後期の横穴墓群、吉見百穴。柔らかい凝灰岩に開けられた墓穴の数は全部で219個。明治時代には、コロポックル（163ページ参照）の住居と解釈されたこともあった。

埼玉県
吉見町

唐古・鍵遺跡

紀元前３世紀から約600年間続いた、幾重もの環濠に囲まれた巨大遺跡。土器に描かれていた楼閣が再現されている。

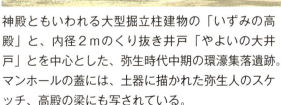

池上曽根遺跡

大阪府
和泉市

神殿ともいわれる大型掘立柱建物の「いずみの高殿」と、内径２ｍのくり抜き井戸「やよいの大井戸」とを中心とした、弥生時代中期の環濠集落遺跡。マンホールの蓋には、土器に描かれた弥生人のスケッチ、高殿の梁にも写されている。

町自慢

凧

平安時代、壱岐を荒らし回る5万匹の鬼を退治に、豊後の国の若武者、百合若大臣がやって来た。最後に残った鬼の大将悪毒王は、刎ねられた首を百合若の兜に噛付かせまま、死んでいった。
天空から壱岐を狙う鬼を怖気付かせるため、壱岐の人たちは、兜に噛付く鬼の首の凧を作った。
空高く揚がった壱州鬼凧は、背中につけた弓の弦をブューンと鳴らし、鬼を怖がらせる。

長崎県
郷ノ浦町
(現壱岐市)

町自慢
100選
090 鬼凧

だるま凧

富山県
大門町
(現射水市)

白根大凧

新潟県
白根市
(現新潟市)

長南袖凧

千葉県
長南町

写真提供・東近江大凧会館

滋賀県
八日市市
(現東近江市)

百畳大凧

大きさ日本一、百畳大凧の図柄は「判じもん」、その年の言葉を、絵と漢字で表す。

蓋のデザインは平成9年の「元気(亀)なまち」、辰年の平成24年は、龍の絵柄に「健」の文字で「心身(辰・辰)健やか」。

東近江大凧会館では、百畳大凧をはじめ、日本の凧と世界の凧を展示公開中。

新潟県
中之島町
(現長岡市)

新潟県
見附市

六角大凧

刈谷田川(かりやた)を挟んだ、見附市今町と長岡市中之島との大凧合戦、絡ませた凧糸が切れるまで力の限りを尽くす。

1783年、改修した堤防を踏み固めるために始まった、畳8枚、六角大凧の戦い。

写真提供・見附市大凧伝承館

町自慢

鎖国

1636年、キリスト教布教を禁止するため、人工島を築き、ポルトガル人を収容した出島。1854年の日米和親条約までの鎖国時代、出島は西洋に対する唯一の交易窓口となっていた。

昭和26年、長崎市は100年計画で出島復元プロジェクトに着手、19世紀初頭の建物6棟が再建され、西洋と繋がる唯一の橋、表門橋が架けられた。

当時の姿を甦らせている、15分の1縮尺の「ミニ出島」は圧巻。前野良沢らが翻訳した『解体新書』や、『蘭学事始』などの展示も興味深い。

長崎県
長崎市

町自慢100選 091 出島

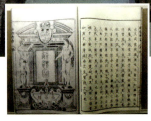

リーフデ号

1600年、臼杵湾に漂着したリーフデ号は、日本に到着した初めてのオランダ船。わずか24名の生存者のなかには、のちに江戸幕府の外交顧問になった、ヤン・ヨーステンやウィリアム・アダムス（イギリス人・三浦按針）などがいた。

鎖国時代、オランダの交易独占は、リーフデ号の漂着も大きな伏線となった。

黒船

1853年、ペリー艦隊（黒船）が、横須賀の浦賀沖に到着し開国を要求、翌年下田と函館を開港する日米和親条約により、鎖国が終了した。

下田市の蓋のデザインは黒船、横須賀市はペリー。実在の人物で、蓋に「似顔絵」が描かれている唯一の人物が、ペリー。

町自慢 資源

熊本県
荒尾市

日本最大の炭鉱、福岡県と熊本県にまたがる三池炭鉱、その主力鉱が荒尾市の万田坑。深さ260mの竪坑に、鉱夫や資材を運ぶケージを吊るした竪坑櫓や、巻き揚げ機などがある煉瓦造りの機械室、トロッコや線路など活気づいていた時代の姿を残す、日本の近代成長を支えた産業遺産。
蓋のデザインは、力強くデフォルメされた竪坑櫓と機械室。

町自慢100選 092 万田坑

豊川油田

縄文の昔から明治までは天然アスファルトを供給し続け、大正時代には、石油産出量が国内有数だった豊川油田。
今では、わずかの天然ガスが採れるだけ、採油井の2本櫓や採油ポンプ室跡などが残っているだけ。

秋田県
昭和町
(現潟上市)

砂金掘り

北海道
中頓別町

明治31年、ゴールドラッシュに沸いた中頓別町、郷土資料館には日本一、768ｇの金塊が展示してある。夏の間、ペーチャン川では砂金掘り体験ができる。

新潟県
相川町
(現佐渡市)

道遊の割戸

佐渡金山のなかで最も古くから採掘された相川の「道遊鉱脈」、露天掘りを続けるうちにV字谷になった。蓋には、幅30m深さ74mの「道遊の割戸」。

院内銀山

院内は、石見や生野以上ともいわれる、東洋一の大銀山、明治29年まで採掘を続けた。蓋のデザインは、明治14年、明治天皇が東北巡幸の時に視察した「御幸坑」。

秋田県
雄勝町
(現湯沢市)

山口県
小野田市
(現山陽小野田市)

とっくり窯

鉱物資源の少ない日本だが、石灰石は豊富に採れ、これを焼成してセメントが作られている。
石灰石の焼成を効率よく行う竪窯、通称とっくり窯が、太平洋セメント小野田工場内で公開中。

町自慢　いちょう

加藤清正が築いた熊本城、1607年に建てられた3層6階の大天守閣を中心に、数々の櫓や城門、塀や石垣などが立ち並んでいた名城。その殆どは明治10年の西南戦争で焼失したが、一部の櫓や城門、武者返しと呼ばれる石垣はそのまま残っている。

熊本城は戦闘のための城、複雑な縄張り（櫓や石垣などの配置）や石落とし・鉄砲穴などの工夫、籠城を考えて深く掘られた井戸、そして非常食として城内には沢山のいちょうが植えられた。熊本城の別名は銀杏（ぎんなん）城、天守閣前の大銀杏（いちょう）は、清正が植えた苗が西南戦争で焼失したあと、根元の脇芽が育った銀杏の大木。

平成28年4月の熊本地震で受けた、甚大な被害からの復活が待たれる、熊本城。

熊本県熊本市

町自慢100選　093　銀杏城（ぎんなんじょう）

大銀杏の葉

崩れた城郭復旧中

福岡県
水巻町

八剣神社

八剣神社の境内にある、樹齢1800年ともいわれる大いちょう。九州西征の途中、大和武尊が植えたとの言い伝えも残る。

いちょう

栃木県
宇都宮市

宮城県
築館町
(現栗原市)

長崎県
森山町
(現諫早市)

滋賀県
米原町
(現米原市)

御葉附銀杏

葉脈の先端が次第に太くなり、徐々に銀杏の実に変化する。醒ヶ井名水のほとり、了徳寺境内にある樹高20mの御葉附銀杏は、多いものでは一枚の葉に5〜8個の実を付ける。

町自慢

芝居小屋

明治43年に建設された芝居小屋、八千代座は映画やテレビに押され、昭和40年代ころからは閉鎖状態が続いた。これに心を痛めた老人会の瓦一枚運動などにより、昭和63年、国の重要文化財指定を受けるまでの復興を成し遂げた。

桝席と桟敷が配置された客席、人力でまわす廻り舞台、花道や奈落など、八千代座は伝統的な江戸様式の芝居小屋の姿を残している。

これと同じ江戸様式の芝居小屋には、香川県琴平町の金丸座と、愛媛県内子町の内子座がある。

熊本県山鹿市

町自慢100選 094 八千代座

金丸座

香川県琴平町

内子座

愛媛県内子町（現西予市）

康楽館

小坂鉱山従業員の厚生施設として、明治43年に建てられた康楽館。桟敷や花道などの伝統的形式と、洋風意匠の外観は、明治期芝居小屋の典型。

秋田県小坂町

能楽殿

京都西本願寺の北能舞台を模した、本格的能舞台。春の薪能、秋の定期能以外に、民謡や踊りなども行われている、まほろば唐松能楽殿。

秋田県協和町（現大仙市）

梼原座

昭和23年、町内の有志によって建てられた芝居小屋、梼原座。花道付きの舞台と桟敷席を持つ、和洋折衷様式を取り入れた木造建物。

高知県梼原町

| 町自慢 | 花壇① |

源泉数と湧出する湯量が日本一の温泉街、別府市は花が咲きこぼれる都市づくりを目指して「フラワーシティ別府運動」を推進している。
1月は蝋梅ときんせんか、3月は桃とパンジー、5月はつつじとしばざくら、月々の花を1年間分ラインアップしたマンホール蓋。やよいストリートや楠銀天街の蓋には、きれいな花が並んでいる。

大分県別府市

蝋梅（ろうばい）

町自慢100選 095 **フラワーシティ**

きんせんか

3月　桃・パンジー

5月　つつじ・しばざくら

6月・あじさい・マーガレット

8月　さるすべり・ひまわり

9月　はぎ・カンナ

10月　コスモス・ふよう

しゃくなげ 新潟県金井町（現佐渡市）　**りんご** 長野県長野市　**なし** 熊本県荒尾市

肥後椿

江戸から明治にかけて、熊本藩士とその末裔たちは、肥後六花と呼ばれる6種類の花を大切に育ててきた。その代表が肥後椿、大ぶりな花びらに、豪華な花芯が見事な椿の花。
熊本城の肥後六花園で咲き誇っていたが…。

熊本県熊本市

はまぼう 静岡県福田町（現磐田市）　**はまゆう** 和歌山県新宮市

町自慢 花壇②

さくらそう

群馬県
大間々町
(現みどり市)

茨城県
内原町
(現水戸市)

かたくり

ブーゲンビレア

沖縄県
那覇市

ブーゲンビレアは沖縄の代表的な花。三角形のピンク色の花びらにみえるのは、花芽を包む苞（包葉）、そのなかに小さな3個の花が咲く。
オオゴマダラチョウは、まだら模様と黒い放射状の筋が特徴の大型の蝶、昆虫館の温室のなかで、ふわふわと飛んでいる。

コスモス

大阪府
貝塚市

サルビア

茨城県
総和町
(現古河市)

チューリップ

富山県
入善町

なでしこ 山梨県甲府市

あじさい 福井県上中町（現若狭町）

つつじ 長野県岡谷市

兵庫県宝塚市

すみれ

春になると道端で、深い紫色の花を咲かせる多年草、すみれ、宝塚市の市の花はすみれ。宝塚歌劇団の愛唱歌は「すみれの花咲く頃」、宝塚駅から宝塚大劇場へ続く「花の道」には、すみれの花が咲き競っている。

そば 広島県豊平町（現北広島町）

福島県三島町

きり

町自慢 花壇③

すいせん 宮城県三本木町(現大崎市)

ききょう 埼玉県大井町(現ふじみ野市)

かざぐるま 奈良県大宇陀町(現宇陀市)

大賀はす 千葉県千葉市

千葉市東大検見川農場の約2000年前の草炭層から、昭和26年、大賀一郎博士が採取したはすの実の一粒が、翌年、大輪の花を咲かせた。
この古代はすは、「大賀はす」と名付けられ、世界各地に友好親善のシンボルとして贈られている。

ひまわり 愛知県尾張旭市

やまぶき 茨城県常陸太田市

はなもも

宮城県
名取市

たちあおい

静岡県
静岡市

はまなす

鳥取県
中山町
(現大山町)

浜薔薇、浜梨、はまなすは北の海岸の砂地に自生するバラ科の低木。夏にピンクや白い花を咲かせ、秋になると梨に似た実をつける。
中山町の町の花は、はまなす、白兎(はくと)海岸べりに、南限といわれる自生地がある。

れんげ

愛媛県
宇和町
(現西予市)

たんぽぽ

大阪府
豊能町

クローバー

新潟県
浦川原村
(現上越市)

町自慢 花壇 ④

ラベンダー

北海道 中富良野町

長野県 駒ケ根市 **すずらん**

水芭蕉

群馬県 片品村

尾瀬沼は分水嶺、北側は福島県桧枝岐村の只見川から阿賀野川に、南へは片品川を通って利根川に流れ込んでいる。片品村のマンホール蓋のデザインは、日本有数のハイキングコース、尾瀬の湿原に整備された木道と水芭蕉。

しゃくやく 島根県 横田町(現奥出雲町)　**ぼたん** 福島県 須賀川市　**ゆり** 富山県 魚津市

藍

徳島県
藍住町

藍はタデ科の植物、秋になると、うすいピンクや白い花を咲かせ、その葉は藍色（深い青色）に染め上げる染料になる。蜂須賀家の保護・奨励政策により、吉野川流域で盛んに生産されてきた。
藍住町の「藍の館」では、藍染め体験ができる。

サボテンぎく

徳島県
松茂町

きく

愛知県
渥美町
（現田原市）

のぎく

神奈川県
大和市

さぎ草

兵庫県
姫路市

白鷺城（128ページ参照）に因んだ姫路市の市の花。

奥琵琶湖・山門水源の森で

町自慢 渓谷

宮崎県 高千穂町

町自慢100選 096 高千穂峡

真名井の滝 P140参照

天照大神(あまてらすおおみかみ)の命で、瓊瓊杵尊(ににぎのみこと)がこの国を治める為、高天原(たかまがはら)から降り立った地が高千穂の峰、高千穂町は天孫降臨の地。

12万年前の阿蘇の噴火で積もった岩石が、五ヶ瀬川の流れで削り取られ、できたV字峡が高千穂峡、高さ100mの断崖が7kmにわたって続く。

新潟県 中里村 現十日町市

清津峡

清津峡は黒部峡谷、大台ケ原の大杉谷と並ぶ、日本三大峡谷のひとつ。急流に浸食された、柱状節理の峡谷が約12km続く。700mの歩行者専用トンネルの終点、パノラマステーションで渓谷美を堪能できる。

川浦渓谷

鮎釣りで賑わう、長良川の支流板取川。その上流が、切り立った花崗岩の断崖と清流の、川浦渓谷。
「根道神社の名もなき池」、モネの睡蓮を想わせることから通称「モネの池」が、渓谷の約20km下流にある。

岐阜県
板取村
(現関市)

モネの池

帝釈峡

見所が次々と現れる景勝地、帝釈峡。
そのハイライトは雄橋、高さ40m・長さ90mの天然橋、神の橋とも呼ばれている。

広島県
東城町
(現庄原市)

禅海和尚像

大分県
本耶馬渓町
(現中津市)

耶馬溪

耶馬溪は、本耶馬溪・深耶馬溪・椎耶馬溪など、山国川上流に点在する景勝地の総称。
本耶馬溪にある青の洞門は、江戸時代末、禅海和尚が托鉢勧進で集めた資金で開通した約144mの隧道。これを題材にした菊池寛の小説が、『恩讐の彼方に』。

町自慢 **かえる**

町自慢100選 **097** ゆーたん

宮崎県 野尻町（現小林市）

岐阜県 美濃加茂市

宮城県 矢本町（現東松島市）

栃木県 氏家町（現さくら市）

遊園地やプール、総合レジャーランド「のじりこぴあ」、その入り口にあるのがかえるの国、「ケロケロ共和国」。

都会に出て行った人達に、帰ろう帰ろう（ケェロケェロ）と早期Uターンを呼びかける、巨大なかえると沢山のかえる達のモニュメント。

蓋のデザインは、町のマスコットキャラクター、かえるの「ゆーたん（Uターン）」。

かじか蛙

三徳川の両岸、かじか蛙の澄んだ鳴き声が響く三朝温泉。かじか橋にはかじかの足湯、映画にもなった恋谷橋には「縁結びのかじか蛙」、撫でると恋が成就する、縁結びのパワースポット。

鳥取県　三朝町

東京都　千代田区

京都府　久御山町

広島県　加計町（現安芸太田町）

もりあおがえる

海抜842m、平伏山の山頂にある平伏沼は、天然記念物に指定された、もりあおがえるの繁殖地。

蛙の詩人といわれる、名誉村民の草野心平が詠んだ、「うまわ（殖）るや森の蛙は阿武隈の 平伏の沼べ水楢のかげ」の石碑が建つ。

福島県　川内村

町自慢 灯台

鹿児島県
佐多町
(現南大隅市)

大隅半島の先端の佐多岬、その沖にある大輪島の断崖に立つ佐多岬灯台は、北緯30.59度、日本本土最南端の灯台。明治4年に造られた日本で最初の洋式灯台のひとつ。
太平洋戦争の爆撃で破壊されたが、昭和25年、コンクリート造りで再建された。海面からの高さ68m、光達距離は約39km。

町自慢100選 098 佐多岬灯台

チキウ岬灯台

北海道
室蘭市

アイヌ語で断崖はチケップ、チケウエ→チキウ→地球に。地球岬の海抜130mの断崖に立つチキウ岬灯台。

塩屋埼灯台

薄磯海岸の断崖の上に立つ塩屋埼灯台は、灯台守り家族を描いた映画『喜びも悲しみも幾年月』の舞台。灯台の上り口には、美空ひばり最後のシングル曲、与謝野晶子を歌った「みだれ髪」の歌碑があり、その前に立つと唄が流れる。

旧堺燈台

明治10年、堺の有力者の基金をもとに堺港に建てられた燈台。
真っ白に塗られた木製の六角形で高さ11.3m、現存する最も古い木造洋式燈台のひとつ。

住吉燈台

伊勢湾を経て桑名と結ぶ運河水門川の船町港は、物資の集散と人の往来の中心地。船町港の標識と夜間の目印として建てられた住吉燈台は、上部に油紙障子の寄棟造り。松尾芭蕉の『奥の細道』の旅立ちは江戸の深川、「結びの地」は西美濃のここ大垣。

町自慢

水族館①

昭和52年、那覇市に、日本最初のデザイン蓋が登場した。これを契機に、各市町村でも続々と蓋にデザインが行われ、世界に類のない、日本独自のサブカルチャーになっていった。
沢山のさかなが泳ぎ回るこのデザインは、きれいな海、美ら海をいつまでも守り続けるというメッセージを、強く発信している。

沖縄県
那覇市

町自慢100選 099 さかな

美ら海水族館大水槽

くらげ

山形県
鶴岡市

平成17年にはクラゲの展示種類数が世界一、展示をクラゲに特化して、劇的に人気を回復した加茂水族館、オワンクラゲの発光研究でノーベル賞を受賞した下村脩博士が、一日館長にもなった。約4000匹のミズクラゲが漂うクラゲドリームシアターが自慢。

ばしょうかじき 鹿児島県笠沙町（現南さつま市）

たい 石川県七尾市

まんぼう 宮城県本吉町（現気仙沼市）

富山県氷見市

ぶり
北の海でたっぷりと栄養を蓄えて、秋から初冬に南下する、富山湾の王者、ぶり。雪雷を合図に鰤起し（ぶりおこ）と呼ばれる強風が吹き荒れると、寒ぶりの定置網漁が始まる。

さけ
江戸後期、村上藩が行った三面川（みおもて）の鮭の産卵場所整備は、世界初の鮭養殖事業。ひもで吊るして寒風に晒す、村上の塩引き鮭。

新潟県村上市

とびうお 鳥取県気高町（現鳥取市）

あいなめ 岩手県久慈市

熱帯魚 鹿児島県名瀬市（現奄美市）

町自慢 水族館②

静岡県 焼津市

かつお
かつおの水揚げ量が全国一の焼津漁港。大きな波から頭を出した大きなかつおと、富士山を目がけて跳びはねる2匹のかつお。焼津市の蓋のデザインモチーフは、2種類のかつお。

やまめ 広島県 布野村（現三次市）

あまご 岐阜県 八幡町（現郡上市）

いわな 新潟県 五泉市

うぐい 宮城県 津山町（現登米市）
曹洞宗大徳寺、通称横山不動尊の池に棲むうぐいは、天然記念物。

あゆ 高知県 仁淀村（現仁淀川町）
日本一の清流、底流れの強い仁淀川で育ったあゆは、「三段引き」。

こい 佐賀県 小城町（現小城市）
高さ75mの「清水の滝」を昇る鯉。滝のそばには、鯉料理店が並ぶ。

はたはた

秋田県八森町（現八峰町）

秋田音頭、「秋田名物八森はたはた、男鹿で男鹿ブリコ（はたはたの卵）、アーソレソレ」。はたはたが、大漁旗を振る、マンホールのデザイン蓋。

たら

北海道岩内町

いか

北海道函館市

いしだい

三重県南島町（現南伊勢町）

ふぐ

山口県下関市

下関は日本の8割が集まる天然ふぐの集散地、福につながるように「ふく」と呼ぶ。
マンホールの蓋には「フクフクマーク」、ふぐを取り扱う関係者は、このマークを利用できる。

町自慢 水族館 ③

愛知県
南知多町

たこ
春はあさりで夏穴子、秋は伊勢えび冬はふぐ、でもやっぱりたこが一番、茹でだこ干しだこ、生のたこ、日間賀島はたこの島。交番もたこ、東港にも西港にもたこのオブジェ。

はまぐり

三重県
桑名市

ほたて

岩手県
山田町

かき

広島県
廿日市市

三重県
浜島町
(現志摩市)

伊勢えび大王
岩穴の多い英虞湾に育つ伊勢えびは、湾に面する浜島の特産物。その王様、伊勢えび大王がオブジェと蓋のデザインに。

北海しまえび 北海道湧別町

わたりがに 佐賀県太良町

かぶとがに 岡山県笠岡市

人魚 新潟県大潟町（現上越市）

雁子浜の若者が灯す常夜灯を頼りに、佐渡から渡ってきた人魚のように美しい娘の、悲しい恋の物語。ふたりの墓はいつしか「人魚塚」と呼ばれるようになった。この伝説をモデルに、大正10年、小川未明が発表した童話が、『赤いろうそくと人魚』。

ラッコ 北海道小樽市

アザラシ 北海道紋別市

アシカ 島根県五箇村（現隠岐の島町）

町自慢 天文台

石垣島から高速船で約1時間、人口は500人余り、波照間島(はてるま)は日本で一番南にある、人が住んでいる島。民家や外灯などの灯りが少なく夜は満天の星空、12月から6月にかけて、水平線近くに南十字星が観測できる。波照間島星空観測タワーは北緯27度、日本で一番南にある天文台。

沖縄県 竹富町

町自慢100選 100 星空観測タワー

第2コテージ・パラス観測所

鳥取県 佐治村 (現鳥取市)

アストロパーク

反射望遠鏡は口径103cm、プラネタリウムや図書室、展示体験コーナーなど、星の総合公園「さじアストロパーク」。天体望遠鏡を自分で操作し、星を観察しながらそのまま宿泊できる、望遠鏡付き宿泊施設、星のコテージが4棟。

みさと天文台

和歌山県
美里町
(現紀美野町)

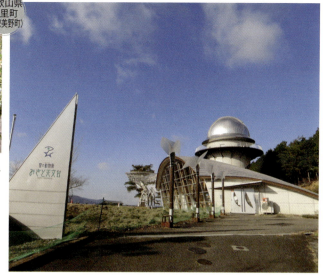

肉眼で天の川が見られる、近畿最強の星空の観光名所みさと天文台、反射望遠鏡の口径は105cm。
条例上の正式名称は、紀美野町星の動物園。

よこだけキララ館

大分県
大田村
(現杵築市)

国東半島の真ん中、キャンプやバーベキュー、テニスやアスレチック、横岳自然公園は大自然のリフレッシュ空間。
天体ドーム、「よこだけキララ館」では星空観測も楽しめる。

しょさんべつ天文台

北海道
初山別村

初山別とはアイヌ語で、ソー（滝）、サン（下る）、ペツ（川）。世帯数約550、人口1200人前後の小さい村。しょさんべつ天文台は北緯44度、日本で一番北にある天文台。

おわりに

　『デザインマンホール100選──阿寒から波照間島へ旅歩き』を発刊した４年前に比べて、デザイン蓋の認知度も高まり、写真を撮っている時の気恥ずかしい思いも随分と小さくなっている。

　認知度アップ要因のひとつは、デザイン蓋情報の増大。「マンホールナイト」や「マンホールサミット」などのイベント、「日本マンホール蓋学会」や無類の撮り蓋（蓋人・蓋男）が管理する「みなもとむさし＠10周年」などのウェブサイト、「マンホールカード」の発行や「マンホールグッズ倶楽部」でのグッズ販売、「We♡Manho・com」などのフェイスブック、その他インスタグラムやブログによって、数多くのデザインマンホール蓋情報が現れたこと。

　もうひとつは、各自治体がマンホールの蓋を、情報発信媒体として活用していく動き。町を自慢する新しいデザイン蓋の製作以外にも、例えば鳥取県境港市では、鬼太郎やねずみ男、猫娘などのマンホール蓋（138ページ参照）が妖怪ワールドの演出を強化し、また長崎県壱岐市では、上下水道課と観光連盟とがタイアップし、壱岐に伝わる鬼凧（おんたこ）（188ページ参照）を中心に据え、壱岐市を訪れる観光客の増大を企画している。

　編集にあたっては、観光情報や現地のパンフレットの他、ウィキペディアなどを参考にしているが、博物館の開館日時などについては、事前に確認しお出かけ頂きたい。

最近、台湾の友人が送ってきたのが、高層ビル「台北101」のカラー蓋。海外にはドイツや韓国などの一部の都市を除き、デザイン蓋は殆ど見つけられない。

台湾・台北

アメリカ・ダラス

チリ・サンチャゴ

フランス・パリ

イタリア・フィレンツェ

ドイツ・ベルリン

クロアチア・ザグレブ

セルビア・ベオグラード

スロバキア・ブラチスラヴァ

索引

★ 町自慢100選

県	市町村	モチーフ	カテゴリー	ページ
北海道	★ 阿寒町（現釧路市）	丹頂鶴	鶴	6
	芦別市	赤毛のアン	メルヘン	47
	芦別市	星座	夜空	52
	足寄町	コロポックル	伝説	163
	★ 池田町	ぶどう	果物	8
	池田町	ワイン城	果物	8
	今金町	デ・モーレン	風車	111
	岩内町	たら	水族館	215
	江別市	やつめうなぎ漁	漁	68
	遠軽町	瞰望岩	岩	134
	追分町（現安平町）	D51	汽車	45
	小樽市	ラッコ	水族館	217
	小樽市	運河通り	町並み	153
	小平町	鰊番屋	民家	91
	上士幌町	熱気球	飛ぶ	57
	北見市	ピアソン記念館	洋館	76
	京極町	羊蹄山（蝦夷富士）	郷土富士	34
	釧路市	丹頂鶴	鶴	6
	栗山町	おおむらさき	昆虫	79
	剣淵町	ぶっちーな	ゆるキャラ	49
	札幌市	札幌時計台	時計塔	173
	初山別村	しょさんべつ天文台	天文台	219
	新得町	スキー	雪と氷	21
	砂川市	ななかまど	赤い木の実	36
	滝上町	バルーン	飛ぶ	57
	忠類村（現幕別町）	ナウマン象	新生代	86
	弟子屈町	摩周湖	湖	107
	洞爺村（現洞爺湖町）	洞爺湖	湖	107
	苫小牧市	アイスホッケー	雪と氷	21
	苫前町	風力発電	風車	110
	中川町	首長竜	中生代	75
	中頓別町	砂金掘り	資源	193
	中富良野町	ラベンダー	花壇	204
	登別市	鬼とクマ	鬼	115
	函館市	いか	水族館	215
	函館市	五稜郭	城	118
	函館市	函館ハリストス正教会	洋館	77
	羽幌町	オロロン鳥	保護鳥	67
	浜中町	エトピリカ	保護鳥	67

県	市町村	モチーフ	カテゴリー	ページ
北海道	浜頓別町	はくちょう	鳥	159
	東川町	なきうさぎ	動物園	11
	美深町	チョウザメ	養殖	65
	北海道	旧道庁	洋館	77
	穂別町（現むかわ町）	首長竜	中生代	75
	丸瀬布町（現遠軽町）	雨宮21号	汽車	45
	三石町（現新ひだか町）	こんぶ漁	漁	69
	三笠市	エゾミカサリュウ	中生代	75
	三笠市	モササウルス	中生代	75
	室蘭市	チキウ岬灯台	灯台	210
	森町	駒ヶ岳（渡島富士）	郷土富士	34
	紋別市	アザラシ	水族館	217
	紋別市	ガリンコ号	雪と氷	21
	★ 夕張市	シネガー	動物園	10
	湧別町	北海しまえび	水族館	217
	由仁町	マンモス	新生代	87
	陸別町	オーロラ	夜空	53
	利尻富士町	利尻山（利尻富士）	郷土富士	34
	礼文町	レブンアツモリソウ	珍しい花	31
	和寒町	ニレ	木	121
青森	★ 青森市	ねぶた	ねぶた	12
	田舎館村	田舎館式土器	出土品	130
	★ 大鰐町	大きなワニ	しゃれ	14
	柏村（現つがる市）	岩木山（津軽富士）	郷土富士	35
	木造町（現つがる市）	遮光器土偶	縄文土偶	29
	五所川原市	立佞武多	ねぶた	13
	鶴田町	鶴の舞橋	鶴	7
	十和田湖町（現十和田市）	十和田湖	湖	106
	六ヶ所村	おじろわし	保護鳥	66
岩手	★ 岩泉町	龍ちゃん	龍	18
	久慈市	あいなめ	水族館	213
	★ 久慈市	北限の海女	働く女	16
	二戸市	ひめぼたる	昆虫	78
	前沢町（現奥州市）	前沢牛	牛	171
	山田町	ほたて	水族館	216
秋田	秋田市	竿燈	祭り	39
	★ 大曲市（現大仙市）	競技花火	花火	22
	雄勝町（現湯沢市）	院内銀山	資源	193
	鹿角市	声良鶏	鶏	175

222

県	市町村	モチーフ	カテゴリー	ページ
秋田	神岡町（現大仙市）	少年野球	スポーツ	168
	上小阿仁村	コアニチドリ	珍しい花	31
	協和町（現大仙市）	能楽殿	芝居小屋	197
	小坂町	康楽館	芝居小屋	197
	金浦町（現にかほ市）	南極探検	雪と氷	21
	昭和町（現潟上市）	豊川油田	資源	192
	仙北市（現大仙市）	払田柵	城	119
	能代市	ねぶながし	ねぶた	13
	八森町（現八峰町）	はたはた	水族館	215
	比内町（現大館市）	比内鶏	鶏	175
	湯沢市	七夕絵どうろう	七夕	62
	★ 横手市	かまくら	雪と氷	20
宮城	石巻市	川開き花火	花火	23
	石巻市	サンファン号	船	33
	歌津町（現南三陸町）	魚竜	中生代	75
	雄勝町（現石巻市）	雄勝すずり	伝統工芸	179
	角田市	H-Ⅱロケット	飛ぶ	57
	三本木町（現大崎市）	すいせん	花壇	202
	色麻町	かっぱ	河童	43
	★ 志津川町（現南三陸町）	モアイ	石像	24
	志波姫町（現栗原市）	大水車	水車	141
	築館町（現栗原市）	いちょう	いちょう	195
	津山町（現登米市）	うぐい	水族館	214
	名取市	はなもも	花壇	203
	★ 鳴子町（現大崎市）	こけし	郷土玩具	26
	本吉町（現気仙沼市）	まんぼう	水族館	213
	矢本町（現東松島市）	かえる	かえる	208
山形	寒河江市	さくらんぼ	果物	8
	★ 酒田市	千石船	船	32
	高畠町	濱田廣介	文学	98
	鶴岡市	くらげ	水族館	212
	戸沢村	最上川舟下り	舟遊び	176
	★ 舟形町	縄文の女神	縄文土偶	28
	★ 遊佐町	チョウカイフスマ	珍しい花	30
福島	★ 会津若松市	磐梯山（会津富士）	郷土富士	34
	浅川町	地雷火	花火	23
	いわき市	塩屋崎灯台	灯台	211
	金山町	妖精	メルヘン	46
	川内村	もりあおがえる	かえる	209
	白河市	小峰城	城	117
	須賀川市	ぼたん	花壇	204
	三島町	きり	花壇	201

県	市町村	モチーフ	カテゴリー	ページ
福島	三春町	三春駒	郷土玩具	27
	★ 本宮町（現本宮市）	まゆみ	赤い木の実	36
茨城	★ 石岡市	幌獅子	祭り	38
	潮来市	あやめ	かきつばた	101
	★ 牛久市	かっぱの里	河童	42
	牛堀町（現潮来市）	常州牛堀	富士山	93
	内原町（現水戸市）	かたくり	花壇	200
	総和町（現古河市）	サルビア	花壇	200
	つくば市	土星	夜空	53
	土浦市	霞ケ浦	湖	107
	常陸太田市	やまぶき	花壇	202
	水戸市	偕楽園の梅	梅	181
	守谷市	小綬鶏	鶏	175
栃木	足利市	学校門	門	185
	★ 石橋町（現下野市）	赤ずきん	メルヘン	46
	氏家町（現さくら市）	かえる	かえる	208
	宇都宮市	いちょう	いちょう	195
	喜連川町（現さくら市）	せきれい	鳥	159
	馬頭町（現那珂川町）	かわせみ	鳥	158
	益子町	益子焼	焼き物	151
	★ 真岡市	SLのまち	汽車	44
群馬	赤堀町（現伊勢崎市）	家型埴輪	出土品	131
	大間々町（現みどり市）	さくらそう	花壇	200
	片品村	水芭蕉	花壇	204
	★ 草津町	ゆもみちゃん	ゆるキャラ	48
	子持村（現渋川市）	白井宿	宿場	82
	新町（現高崎市）	はなみずき	赤い木の実	37
	館林市	分福茶釜	伝説	162
	★ 利根村（現沼田市）	吹割の滝	滝	50
埼玉	大井町（現ふじみ市）	ききょう	花壇	202
	桶川市	飛行船	飛ぶ	57
	★ 春日部市	牛島の藤	藤	54
	★ 川口市	星占い	夜空	52
	川越市	時の鐘	時計塔	172
	川里町（現鴻巣市）	てんとう虫	昆虫	79
	川島町	はなしょうぶ	かきつばた	101
	埼玉県	投網	漁	68
	★ 所沢市	飛行機	飛ぶ	56
	蓮田市	すいれん	しゃれ	15
	深谷市	ふっかちゃん	ゆるキャラ	48
	ふじみ野市	ふじみん	ゆるキャラ	48
	吉見町	吉見百穴	遺跡	187

県	市町村	モチーフ	カテゴリー	ページ
千葉	市原市	うぐいす	鳥	159
	柏市	柏の葉	木	121
	★ 木更津市	狸囃子	唄	58
	酒々井町	うめ	梅	180
	芝山町	馬型埴輪	出土品	131
	千葉市	大賀はす	花壇	202
	長生村	鶴と亀	しゃれ	14
	長南町	長南袖凧	凧	188
	松戸市	矢切の渡し	船	33
東京	★ 足立区	一茶	俳句	60
	小平市	町並み	富士山	93
	立川市	こぶし	赤い木の実	37
	千代田区	かえる	かえる	209
	羽村市	きりん	動物園	11
	東大和市	村山貯水池	ダム	167
	府中市	うめ	梅	180
	府中市	ひばり	鳥	159
	福生市	織姫と彦星	七夕	63
	瑞穂町	おおたか	保護鳥	66
神奈川	大井町	めじろ	鳥	159
	小田原市	酒匂川	東海道難所	95
	小田原市	めだかの学校	唄	59
	茅ヶ崎市	烏帽子岩	岩	135
	★ 平塚市	ひらつか七夕	七夕	62
	藤沢市	ふじ	藤	55
	藤野町 (現相模原市)	ふじ	藤	55
	南足柄市	金太郎	むかし話	149
	大和市	のぎく	花壇	205
	横須賀市	黒船	鎖国	191
	横浜市	かば	動物園	11
新潟	相川町 (現佐渡市)	道遊の割戸	資源	193
	浦川原村 (現上越市)	クローバー	花壇	203
	大潟町 (現上越市)	人魚	水族館	217
	★ 小千谷市	錦鯉	養殖	64
	片貝町 (現小千谷市)	四尺玉花火	花火	22
	金井町 (現佐渡市)	しゃくなげ	花壇	199
	五泉市	いわな	水族館	214
	山北町 (現村上市)	笹川流れ	海岸美	113
	塩沢市 (現南魚沼市)	雪の結晶	雪と氷	20
	白根市 (現新潟市)	白根大凧	凧	188
	月潟村 (現新潟市)	角兵衛獅子	伝統芸能	73
	栃尾市 (現長岡市)	栃尾てまり	てまり	109

県	市町村	モチーフ	カテゴリー	ページ
新潟	中里村 (現十日町市)	清津峡	渓谷	206
	中之口村 (現新潟市)	澤将監の館	武家屋敷	142
	中之島町 (現長岡市)	六角大凧	凧	189
	新潟市	天の川	夜空	53
	新潟市	萬代橋	橋	81
	★ 新穂村 (現佐渡市)	とき	保護鳥	66
	巻町 (現新潟市)	鯛車	郷土玩具	27
	見附市	六角大凧	凧	189
	妙高村 (現妙高市)	妙高山 (越後富士)	郷土富士	35
	村上市	さけ	水族館	213
	弥彦村	競輪	スポーツ	169
	湯之谷村 (現魚沼市)	奥只見ダム	ダム	167
	吉川町 (現上越市)	パラグライダー	飛ぶ	56
富山	魚津市	ゆり	花壇	204
	小矢部市	倶利伽羅峠	戦い	164
	大門町 (現射水市)	だるま凧	凧	188
	高岡市	雨晴海岸	海岸美	113
	★ 滑川市	ほたるいか漁	漁	68
	入善町	チューリップ	花壇	200
	氷見市	ぶり	水族館	213
石川	★ 小松市	勧進帳	関所	70
	七尾市	たい	水族館	213
	根上町 (現能美市)	根上松	松	127
	松任市 (現白山市)	千代女	俳句	61
	美川町 (現白山市)	北前船	船	32
	柳田村 (現能登町)	やませみ	鳥	158
	山中町 (現加賀市)	白鷺と温泉	温泉の発見	157
	輪島市	朝市	働く女	17
	★ 輪島市	御陣乗太鼓	伝統芸能	72
	輪島市	輪島塗	伝統工芸	179
	鹿西町 (現中能登町)	おにぎり	新生代	87
福井	今立町 (現越前市)	越前和紙	伝統工芸	179
	大野市	いとよ	珍しい魚	182
	★ 勝山市	恐竜王国	中生代	74
	上中町 (現若狭町)	あじさい	花壇	201
	鯖江市	レッサーパンダ	動物園	11
	高浜町	高浜八穴	海岸美	112
	敦賀市	気比の松原	松原	97
	福井県	雪のいろいろ	雪と氷	20
	福井市	義景館	武家屋敷	143
	福井市	フェニックス	シンボル	155
	★ 三国町 (現坂井市)	龍翔館	洋館	76

224

県	市町村	モチーフ	カテゴリー	ページ
山梨	★ 大月市	猿橋	橋	80
	忍野村	富士山	富士山	93
	甲府市	なでしこ	花壇	201
	★ 昭和町	げんじぼたる	昆虫	78
	高根町（現北杜市）	ホルスタイン牛	牛	171
	富士河口湖町	富士山と河口湖大橋	富士山	92
	富士吉田市	富士山	富士山	93
	六郷町（現市川三郷町）	水晶印鑑	伝統工芸	179
長野	青木村	アイリス	かきつばた	101
	明科町（現安曇野市）	あやめ	かきつばた	101
	上松町	森林鉄道	汽車	45
	安曇村（現松本市）	河童橋	河童	43
	飯田市	りんご並木	果物	9
	飯山市	一本杖スキー	雪と氷	21
	池田町	てるてる坊主	唄	59
	伊那市	伊那節	唄	58
	★ 上田市	六花文	旗印	84
	大町市	らいちょう	保護鳥	67
	岡谷市	つつじ	花壇	201
	木曽福島町（現木曽町）	福島関所	関所	71
	駒ケ根市	すずらん	花壇	204
	小諸市	小諸城三の門	門	185
	真田町（現上田市）	真田十勇士	旗印	84
	真田町（現上田市）	六文銭旗	旗印	84
	塩尻市	贄川関所	関所	71
	信濃町	一茶	俳句	60
	★ 信濃町	ナウマン象	新生代	86
	諏訪市	はなしょうぶ	かきつばた	101
	茅野市	縄文のビーナス	縄文土偶	29
	★ 東部町（現東御市）	海野宿	宿場	82
	東部町（現東御市）	コマクサ	珍しい花	31
	長野市	オリンピック	メモリアル	122
	長野市	りんご	花壇	199
	長野県	御柱祭	祭り	39
	長野県	道祖神	石像	25
	長谷村（現伊那市）	クロユリ	珍しい花	31
	原村	みやましろちょう	昆虫	79
	日義村（現木曽町）	笹竜胆	旗印	85
	松川村	すずむし	昆虫	79
	松本市	てまり遊び	てまり	109
	松本市	松本てまり	てまり	109
	丸子町（現上田市）	鹿と温泉	温泉の発見	157

県	市町村	モチーフ	カテゴリー	ページ
長野	宮田村	うめ	梅	180
	和田村（現長和町）	和田宿	広重	88
岐阜	板取村（現関市）	川浦渓谷	渓谷	207
	犬山市	犬山城	現存天守	129
	岩村町（現恵那市）	岩村城	城	118
	★ 恵那市	大井宿	広重	88
	大垣市	住吉燈台	灯台	211
	神岡町（現飛騨市）	ちんかぶ	珍しい魚	183
	上宝村（現高山市）	おこじょ	動物園	11
	河合村（現飛騨市）	雪だるま	雪と氷	20
	下呂市	かえる	しゃれ	14
	下呂市	白鷺と温泉	温泉の発見	157
	★ 白川村	合掌造り	民家	90
	関ケ原町	関ケ原	戦い	165
	多治見市	多治見焼	焼き物	151
	谷汲村（現揖斐川町）	ぎふちょう	昆虫	79
	中津川市	苗木城	龍	19
	根尾村（現本巣市）	淡墨桜	一本桜	147
	八幡町（現郡上市）	あまご	水族館	214
	福岡町（現中津川市）	あじめどじょう	珍しい魚	183
	美濃加茂市	かえる	かえる	208
	美濃加茂市	日本ライン下り	舟遊び	177
	宮村（現高山市）	臥龍桜	一本桜	147
	明宝村（現郡上市）	磨墨	動物園	11
	養老町	養老の滝	滝	50
静岡	熱海市	金色夜叉	文学	99
	天城湯ヶ島町（現伊豆市）	伊豆の踊子	文学	99
	新居町（現湖西市）	新居関所	関所	71
	磐田市	べっこうとんぼ	昆虫	78
	菊川町（現菊川市）	ちゃこちゃん	ゆるキャラ	49
	御殿場市	D52	汽車	44
	佐久間町（現浜松市）	佐久間ダム	ダム	167
	静岡市	家康入城	メモリアル	123
	静岡市	たちあおい	花壇	203
	静岡市	ちびまる子ちゃん	漫画	138
	★ 島田市	大井川	東海道難所	94
	島田市	大名行列	伝統芸能	72
	★ 清水市（現静岡市）	三保の松原	松原	96
	下田市	黒船	鎖国	191
	豊田町（現磐田市）	熊野の長藤	藤	55
	韮山町（現伊豆の国市）	富士山と反射炉	富士山	93
	日坂村（現掛川市）	中山峠	東海道難所	95

県	市町村	モチーフ	カテゴリー	ページ
静岡	沼津市	戸田号	富士山	93
	浜松市	つばめ	鳥	159
	福田町（現磐田市）	はまぼう	花壇	199
	★ 富士市	富士山	富士山	92
	藤枝市	富士山	富士山	93
	舞阪町（現浜松市）	東海道松並木	松	127
	焼津市	かつお	水族館	214
	竜洋町（現磐田市）	竜の落とし子	しゃれ	15
愛知	渥美町（現田原市）	きく	花壇	205
	安城市	七夕まつり	七夕	63
	安城市	デンパーク	テーマパーク	103
	★ 安城市	新美南吉	文学	98
	一色町（現西尾市）	大提灯祭り	祭り	41
	犬山市	犬山城	現存天守	129
	岩倉市	のんぼり洗い	伝統工芸	179
	岡崎市	岡崎城	城	117
	音羽町（現豊川市）	赤坂宿	広重	89
	尾張旭市	ひまわり	花壇	202
	刈谷市	かきつばた	かきつばた	101
	江南市	ふじ	藤	55
	七宝町（現あま市）	七宝焼	焼き物	151
	高浜市	おまんと祭り	祭り	41
	★ 知立市	かきつばた	かきつばた	100
	豊明市	桶狭間	戦い	165
	豊川市	いなりん	ゆるキャラ	49
	豊橋市	手筒花火	花火	23
	南知多町	たこ	水族館	216
	弥富市	金魚と文鳥	養殖	65
三重	★ 伊勢市	伊勢参り	参詣	104
	上野市（現伊賀市）	芭蕉	俳句	60
	桑名市	七里の渡し	東海道難所	95
	桑名市	はまぐり	水族館	216
	桑名市	連鶴	鶴	7
	★ 志摩市	スペイン村	テーマパーク	102
	関町（現亀山市）	関宿	宿場	83
	大王町（現志摩市）	真珠	養殖	64
	長島町（現桑名市）	かきつばた	かきつばた	101
	浜島町（現志摩市）	伊勢えび大王	水族館	216
	南島町（現南伊勢町）	いしだい	水族館	215
	四日市市	四日市宿	広重	89
滋賀	浅井町（現長浜市）	姉川	戦い	165
	安曇川町（現高島市）	扇子	伝統工芸	179

県	市町村	モチーフ	カテゴリー	ページ
滋賀	今津町（現高島市）	座禅草	珍しい花	30
	★ 愛知川町（現愛荘町）	びんてまり	てまり	108
	★ 大津市	琵琶湖	湖	106
	近江八幡市	八幡堀巡り	舟遊び	177
	草津市	草津宿	広重	89
	甲西町（現湖南市）	美し松	松	127
	甲良町	甲羅	しゃれ	14
	★ 新旭町（現高島市）	風車村	風車	110
	高島町（現高島市）	ガリバー	メルヘン	47
	中主町（現野洲市）	三上山（近江富士）	郷土富士	35
	能登川町（現東近江市）	水車公園	水車	141
	彦根市	彦根城	現存天守	128
	米原市（現米原市）	御葉附銀杏	いちょう	195
	八日市市（現東近江市）	百畳大凧	凧	189
京都	網野町（現京丹後市）	子午線塔	子午線	125
	伊根町	舟屋	民家	91
	宇治田原町	茶摘み	働く女	17
	★ 大江町（現福知山市）	酒呑童子	鬼	114
	京都市	三十三間堂	寺社	133
	久御山町	かえる	かえる	209
	峰山町（現京丹後市）	天女	松原	96
	★ 宮津市	天橋立	海岸美	112
	三和町（現福知山市）	蛍狩り	昆虫	78
	夜久野町（現福知山市）	子午線標柱	子午線	125
大阪	和泉市	池上曽根遺跡	遺跡	187
	大阪狭山市	狭山池	メモリアル	123
	★ 大阪市	大阪城	城	116
	大阪市	花博	メモリアル	122
	貝塚市	コスモス	花壇	200
	門真市	花見舟	舟遊び	177
	岸和田市	しゃちほこ	城	116
	堺市	旧堺燈台	灯台	211
	★ 四条畷市	楠	木	120
	★ 吹田市	太陽の塔	メモリアル	122
	吹田市	万博	メモリアル	122
	泉南市	熊寺郎	ゆるキャラ	48
	太子町	叡福寺	寺社	132
	大東市	野崎参り	参詣	105
	高石市	天女	松原	96
	豊中市	マチカネワニ	新生代	87
	豊能町	たんぽぽ	花壇	203
	富田林市	豪商の邸宅	民家	90

県	市町村	モチーフ	カテゴリー	ページ
大阪	東大阪市	枚岡神社梅林	梅	181
	東大阪市	ラグビー	スポーツ	169
	松原市	松とバラ	しゃれ	15
	箕面市	箕面大滝	滝	51
	八尾市	糸紡ぎ	働く女	17
兵庫	相生市	ペーロン競漕	スポーツ	169
	明石市	天文科学館	子午線	125
	朝来町（現朝来市）	ちちくぼ	珍しい魚	183
	朝来町（現朝来市）	鋳鉄橋	橋	81
	出石町（現豊岡市）	辰鼓楼	時計塔	173
	大屋町（現養父市）	天滝	滝	51
	神戸市	王子動物園	動物園	10
	神戸市	センターサウス通り	町並み	153
★	高砂市	相生の松	松	126
	宝塚市	すみれ	花壇	201
	滝野町（現加東市）	アユッキー	ゆるキャラ	49
	竹野町（現豊岡市）	北前船	船	32
	龍野市（現たつの市）	赤とんぼ	唄	59
	南淡町（現南あわじ市）	鳴門海峡	渦潮	160
	西宮市	甲子園球場	スポーツ	168
★	西脇市	日本のへそ	子午線	124
	姫路市	さぎ草	花壇	205
★	姫路市	姫路城	現存天守	128
	三日月町（現佐用町）	三日月	夜空	53
奈良	斑鳩町	斑鳩三搭	寺社	132
	王寺町	和の鐘	時計塔	173
	大宇陀町（現宇陀市）	かざぐるま	花壇	202
	橿原市	環濠集落	民家	91
	三郷町	もみじ	木	121
	田原本町	唐古・鍵遺跡	遺跡	187
★	天理市	三角縁神獣鏡	出土品	130
	三宅町	白山神社	寺社	133
	大和郡山市	金魚	養殖	64
和歌山	海南市	ほおじろ	鳥	159
	川辺町（現日高川町）	みかん	果物	9
	白浜町	アドベンチャーワールド	テーマパーク	102
★	白浜町	円月島	岩	134
	新宮市	はまゆう	花壇	199
★	太地町	くじら	くじら	136
	田辺市	熊野古道	参詣	105
	広川町	しろうお漁	漁	69
	美里町（現紀美野町）	みさと天文台	天文台	219

県	市町村	モチーフ	カテゴリー	ページ
和歌山	南部町（現みなべ町）	南高梅	梅	181
	龍神村（現田辺市）	龍神	龍	19
	和歌山市	紀州てまり	てまり	109
鳥取	赤碕町（現琴浦町）	波しぐれ三度笠	石像	25
	岩美町	浦富海岸	海岸美	113
	河原町（現鳥取市）	鮎釣り	漁	68
	気高町（現鳥取市）	貝殻節	唄	58
	気高町（現鳥取市）	とびうお	水族館	213
	郡家町（現八頭町）	花御所柿	果物	9
★	境港市	ゲゲゲの鬼太郎	漫画	138
	佐治町（現鳥取市）	アストロパーク	天文台	218
	大栄町（現北栄町）	名探偵コナン	漫画	139
	大山町	大山（伯耆富士）	郷土富士	35
	東郷町（現湯梨浜町）	燕趙門	門	185
	鳥取市	しゃんしゃん傘	祭り	39
	中山町（現大山町）	はまなす	花壇	203
	羽合町（現湯梨浜町）	甲冑埴輪	出土品	131
	三朝町	かじか蛙	かえる	209
★	淀江町（現米子市）	天の真名井	水車	140
島根	海士町	キンニャモニャ	踊り	145
	五箇村（現隠岐の島町）	アシカ	水族館	217
	西郷町（現隠岐の島町）	牛突き	牛	171
	玉湯町（現松江市）	勾玉	出土品	131
	斐川町（現出雲市）	銅鐸	出土品	131
	布施村（現隠岐の島町）	とかげ岩	岩	135
★	松江市	長屋門	武家屋敷	142
	三隅町（現浜田市）	水澄みの里	しゃれ	15
★	安来市	どじょうすくい	踊り	144
	温泉津町（現大田市）	北前船	船	32
	横田町（現奥出雲町）	しゃくやく	花壇	204
岡山	岡山市	桃太郎	むかし話	148
	奥津町（現鏡野町）	足踏み洗濯	働く女	17
	川上村（現真庭市）	ジャージー牛	牛	171
	長船町（現瀬戸内市）	刀鍛冶	伝統工芸	179
★	落合町（現真庭市）	醍醐桜	一本桜	146
	笠岡市	かぶとがに	水族館	217
	倉敷市	阿知の藤	藤	55
	新庄村	新庄宿	宿場	83
	瀬戸内市	レモン	果物	9
	高梁市	備中松山城	現存天守	129
	津山市	ごんぎ	河童	42
	奈義町	横仙歌舞伎	伝統芸能	73

県	市町村	モチーフ	カテゴリー	ページ
岡山	西粟倉村	狸と温泉	温泉の発見	157
	東粟倉村（現美作市）	リュバンヴェールの鐘	シンボル	155
	★ 備前市	備前焼	焼き物	150
広島	因島市（現尾道市）	村上水軍	旗印	85
	大朝町（現北広島町）	天狗シデ	木	120
	加計町（現安芸太田町）	かえる	かえる	209
	呉市	戦艦大和	船	33
	甲奴町（現三次市）	はと	シンボル	154
	千代田町（現北広島町）	花田植	働く女	16
	東城町（現庄原市）	帝釈峡	渓谷	207
	豊平町（現北広島町）	そば	花壇	201
	廿日市市	かき	水族館	216
	★ 東広島市	酒蔵通り	町並み	152
	広島県	鯛網	漁	69
	広島県	アジア大会	メモリアル	123
	広島市	カープ坊や	スポーツ	169
	広島市	サンチェくん	スポーツ	169
	★ 広島市	千羽鶴	シンボル	154
	比和町（現庄原市）	もぐら	動物園	11
	布野村（現三次市）	やまめ	水族館	214
	三原市	ふとんだんじり	祭り	40
	三原市	三原やっさ	踊り	145
	三次市	う	鳥	159
	油木町（現神石高原町）	神石牛	牛	171
山口	岩国市	錦帯橋	橋	80
	★ 宇部市	カッタ君	鳥	158
	大畠町（現柳井市）	大島瀬戸	渦潮	161
	小郡町（現山口市）	あめんぼ	昆虫	79
	小郡町（現山口市）	山頭火	俳句	61
	小野田市（現山陽小野田市）	とっくり窯	資源	193
	下松市	北斗七星	夜空	53
	熊毛町（現周南市）	真鶴	鶴	6
	下関市	ふぐ	水族館	215
	長門市	くじら	くじら	137
	萩市	土塀と夏みかん	武家屋敷	143
	美祢市	アンモナイト	中生代	74
	柳井市	白壁の町並み	町並み	152
	★ 山口市	狐と温泉	温泉の発見	156
	山口市	七夕ちょうちん	七夕	63
	山口市	蛍のひかり	昆虫	78
	大和町（現光市）	伊藤公邸	洋館	77
徳島	藍住町	藍	花壇	205

県	市町村	モチーフ	カテゴリー	ページ
徳島	池田町（現三好市）	さわやかイレブン	スポーツ	168
	★ 小松島市	金長狸	伝説	162
	徳島市	とくしま動物園	動物園	10
	★ 鳴門市	鳴門海峡	渦潮	160
	松茂町	サボテンぎく	花壇	205
	脇町（現美馬市）	うだつの町並み	町並み	153
香川	大野原町（現観音寺市）	豊稔池ダム	ダム	166
	香川県	親切な青鬼くん	鬼	115
	国分寺町（現高松市）	盆栽の松	松	127
	琴平町	こんぴら参り	参詣	105
	★ 高松市	屋島	戦い	164
	詫間町（現三豊市）	浦島太郎	むかし話	149
	仲南町（現まんのう町）	玉虫型飛行機	飛ぶ	57
	津田町（現さぬき市）	津田の松原	松原	97
	土庄町	二十四の瞳	文学	99
	豊浜町（現観音寺市）	ちょうさ	祭り	40
	仁尾町（現三豊市）	雨乞い龍	龍	19
	丸亀市	丸亀城	現存天守	129
	満濃町（現まんのう町）	満濃池	ダム	166
	三木町	三木まんで願	祭り	38
	三木町	メタセコイア	木	121
愛媛	今治市	のまうまハイランド	テーマパーク	103
	宇和町（現西予市）	れんげ	花壇	203
	宇和島市	牛鬼	鬼	115
	★ 宇和島市	闘牛	牛	170
	川之江市（現四国中央市）	折り鶴	鶴	6
	砥部町	砥部焼	焼き物	151
	新居浜市	太鼓台	祭り	40
	★ 野村町（現西予市）	乙亥大相撲	スポーツ	168
	北条市（現松山市）	子規	俳句	61
	宮窪町（現今治市）	能島水軍	旗印	85
	吉海町（現今治市）	来島海峡	渦潮	161
高知	吾川村（現仁淀川町）	ひょうたん桜	一本桜	147
	★ 安芸市	野良時計	時計塔	172
	香北町（現香美市）	アンパンマン	漫画	139
	香美市	リューくん	龍	18
	★ 高知県	長尾鶏	鶏	174
	高知市	にたりくじら	くじら	137
	仁淀村（現仁淀川町）	あゆ	水族館	214
	野市町（現香南市）	のいち動物公園	動物園	10
	夜須町（現香南市）	夫婦岩	岩	135
	檮原町	檮原座	芝居小屋	197

県	市町村	モチーフ	カテゴリー	ページ
福岡	朝倉町（現朝倉市）	三連水車	水車	141
	芦屋町	八朔の馬	郷土玩具	27
	★ 久留米市	久留米絣	伝統工芸	178
	田川市	炭坑節	唄	58
	★ 太宰府市	飛梅	梅	180
	筑穂町（現飯塚市）	内野宿	宿場	83
	水巻町	八剣神社	いちょう	195
	宮若市	追い出し猫	伝説	163
	★ 柳川市	お堀巡り	舟遊び	176
佐賀	伊万里市	伊万里焼	焼き物	151
	小城町（現小城市）	こい	水族館	214
	唐津市	虹の松原	松原	97
	神埼町（現神埼市）	水車の里	水車	140
	★ 佐賀市	むつごろう	珍しい魚	182
	太良町	わたりがに	水族館	217
	★ 武雄市	楼門	門	184
	★ 三田川町（現吉野ヶ里町）	吉野ヶ里遺跡	遺跡	186
長崎	諫早市	眼鏡橋	橋	81
	川棚町	インドくじゃく	鳥	159
	★ 郷ノ浦町（現壱岐市）	鬼凧	凧	188
	西海市	針尾瀬戸	渦潮	161
	時津町	鯖くさらかし岩	岩	135
	★ 長崎市	出島	鎖国	190
	西有家町（現南島原市）	みそ五郎どん	伝説	163
	南有馬町（現南島原市）	原城	城	118
	森山町（現諫早市）	いちょう	いちょう	195
熊本	★ 荒尾市	万田坑	資源	192
	荒尾市	なし	花壇	199
	泉村（現八代市）	揚羽蝶	旗印	85
	鹿本町（現山鹿市）	石のかざぐるま	風車	111
	菊鹿町（現山鹿市）	鞠智城	城	119
	菊水町（和水町）	石人	石像	25
	★ 熊本市	銀杏城	いちょう	194
	熊本市	肥後椿	花壇	199
	七城町（現菊池市）	おやにらみ	珍しい魚	183
	長洲町	金魚の館	テーマパーク	103
	人吉市	きじ馬	郷土玩具	26
	八代市	晩白柚	果物	9
	山鹿市	灯籠踊り	踊り	145
	★ 山鹿市	八千代座	芝居小屋	196
	湯前町	親子水車	水車	141
大分	臼杵市	リーフデ号	鎖国	191

県	市町村	モチーフ	カテゴリー	ページ
大分	大分市	さる	動物園	11
	大田村（現杵築市）	よこだけキララ館	天文台	219
	緒方町（現豊後大野市）	原尻の滝	滝	51
	佐伯市	佐伯城櫓門	門	185
	中津市	北原人形芝居	伝統芸能	73
	中津市	中津城	城	117
	★ 別府市	フラワーシティ	花壇	198
	本耶馬町（現中津市）	耶馬溪	渓谷	207
	山香町（現杵築市）	甲尾山風車	風車	111
宮崎	串間市	そてつ	赤い木の実	37
	西都市	下水流臼太鼓踊り	踊り	145
	★ 高千穂町	高千穂峡	渓谷	206
	高千穂町	高千穂神社	寺社	133
	★ 野尻町（現小林市）	ゆーたん	かえる	208
	延岡市	のぼり猿	郷土玩具	27
	山田町（現都城市）	かかし	しゃれ	15
鹿児島	伊集院町（現日置市）	関ヶ原	戦い	165
	出水市	鶴の飛来地	鶴	7
	指宿市	開聞岳（薩摩富士）	郷土富士	35
	笠沙町（現南さつま市）	ばしょうかじき	水族館	213
	★ 佐多町（現南大隅市）	佐多岬灯台	灯台	210
	川内市（現薩摩川内市）	ガラッパ	河童	43
	知覧町（現南九州市）	武家屋敷群	武家屋敷	143
	名瀬市（現奄美市）	熱帯魚	水族館	213
沖縄	石垣市	あかしょうびん	鳥	158
	石垣市	かんむりわし	保護鳥	66
	うるま市	闘牛	牛	170
	大宜味村	ぶながや	シンボル	155
	沖縄市	エイサー	踊り	144
	金武町	ターム君	ゆるキャラ	49
	座間味村	ざとうくじら	くじら	137
	★ 竹富町	星空観測タワー	天文台	218
	玉城村（現南城市）	糸数城	城	119
	★ 那覇市	さかな	水族館	212
	那覇市	首里織り	伝統工芸	178
	那覇市	壺屋焼	焼き物	150
	那覇市	ブーゲンビレア	花壇	200

PROFILE

池上修　　福井県三国町出身
池上和子　　大阪府堺市出身

大阪府豊中市在住
著書『デザインマンホール100選』
　　（アットワークス社）

町自慢、マンホール蓋700枚。
新・デザインマンホール100選

2018年10月30日　　初版第一刷発行
2018年12月30日　　初版第二刷発行

著　者：池上　修・池上和子
発行所：論創社
　　　　東京都千代田区神田神保町2-23 北井ビル
　　　　TEL 03-3264-5254
　　　　http://www.ronso.co.jp/
装丁・デザイン：田中宏幸（田中図案室）
印刷・製本：中央精版印刷

落丁・乱丁本はお取り替え致します。

©Osamu & Kazuko Ikegami 2018
Printed in Japan　　ISBN 978-4-8460-1759-0

本書の一部あるいは全部を無断で複写（コピー）・複製・転載すること
は、法律で認められた場合を除き、著作者および出版者の権利の
侵害となります。あらかじめ承諾を求めてください。